本著作获西安财经大学学术著作出版资助

基于多尺度分析和机器学习的遥感影像找矿预测及填图方法研究

唐淑兰　著

中国财经出版传媒集团

中国财政经济出版社

图书在版编目（CIP）数据

基于多尺度分析和机器学习的遥感影像找矿预测及填
图方法研究／唐淑兰著. ——北京：中国财政经济出版
社，2023.4

ISBN 978 - 7 - 5223 - 2024 - 3

Ⅰ.①基… Ⅱ.①唐… Ⅲ.①遥感图像 - 应用 - 找矿
- 研究②遥感图像 - 应用 - 地质填图 - 研究 Ⅳ.
①P623②P624

中国国家版本馆 CIP 数据核字（2023）第 034633 号

责任编辑：蔡　宾　　　　　　　责任校对：徐艳丽
封面设计：陈宇琰

基于多尺度分析和机器学习的遥感影像找矿预测及填图方法研究
JIYU DUOCHIDU FENXI HE JIQI XUEXI DE YAOGAN YINGXIANG
ZHAOKUANG YUCE JI TIANTU FANGFA YANJIU

中国财政经济出版社 出版

URL：http：//www. cfeph. cn

E - mail：cfeph@ cfeph. cn

（版权所有　翻印必究）

社址：北京市海淀区阜成路甲 28 号　邮政编码：100142

营销中心电话：010 - 88191522

天猫网店：中国财政经济出版社旗舰店

网址：https：//zgczjjcbs. tmall. com

北京财经印刷厂印刷　　各地新华书店经销

成品尺寸：170mm × 240mm　16 开　11 印张　155 000 字

2023 年 7 月第 1 版　2023 年 7 月北京第 1 次印刷

定价：65.00 元

ISBN 978 - 7 - 5223 - 2024 - 3

（图书出现印装问题，本社负责调换，电话：010 - 88190548）

本社质量投诉电话：010 - 88190744

打击盗版举报热线：010 - 88191661　QQ：2242791300

前　言

　　遥感数据获取技术的快速发展使得遥感数据的定量化、智能化处理技术急需提高。基于遥感影像的矿区外围勘探、矿床定位及填图技术能显著提高矿产资源勘查及填图的效率和质量。近年来，基于遥感技术的找矿及填图工作取得了很大进展，但是应用效果与地质调查工作的实际需求尚有差距。

　　基于遥感影像的找矿预测和填图工作主要存在以下几个困难：①基于像素的匹配滤波、波段比值、主成分分析等技术不能消除影像获取过程中受到的气候和光照等因素的影响，也不能很好地利用矿物的丛集特征，提取的蚀变信息存在较多"椒盐"噪声；②对于植被覆盖多、干扰信息众多、矿化线索微弱地区的遥感地质信息的提取，掩膜去除干扰的方法会丢失很多影像的原始信息，无法保证提取结果的准确性；③基于单一尺度的分析方法不能有效提取矿物异常分布的多分辨率特征，无法精确描述矿物的富集和贫化规律；④热液蚀变的间歇性和多期次性引起的光谱信息叠加问题及岩性风化引起的纹理不确定性，导致岩性识别的精度降低。上述问题成为大规模遥感地质应用的瓶颈。本书在野外地质调查、薄片鉴定的辅助下，以多尺度分析方法、面向对象提取技术、机器学习和深度特征分解为主线，进行了蚀变矿物的区域特征及深度特征提取方法、岩性智能化分类及填图方法研究。主要研究内容及成果如下：

　　（1）提出了结合主成分分析、多尺度分割和支持向量机的遥感矿化蚀变信息提取方法。该方法选取 ASTER 影像各矿化蚀变信息的诊断性波段进行主成分分析；利用多重分形理论描述矿物的奇异性和自相似性，得到多尺度纹理影像；利用局部特征过滤掉大部分不相关的数据，运用支持向量机向量逼近的方法对目标矿物类别进行定位；采用序列最小优化算法提高求解效率。实验对比结果表明，该方法提取的矿化蚀变信息与成矿区带、已知矿点和已有不同地质背景成矿特征相关性较好。

（2）在蚀变矿物特征向量主成分分析的基础上，提出了结合小波包变换和随机森林的蚀变信息提取方法。该方法采用小波包变换提取影像的时频局部化及多尺度细节特征，利用代价函数优化小波包树，得到蚀变矿物高低频信息的最优表示，经过干扰特征机制筛选重要特征，并利用随机森林完成投票分类。实验结果表明，该方法提取铁染、Al－OH 及 Mg－OH 基团蚀变信息时能充分利用矿物光谱的能量特征，削弱矿物组分的噪声干扰。

（3）提出了基于多尺度卷积神经网络特征分解的矿床定位方法。该方法在分析金属矿床的有机质特征的基础上，充分利用影像所显示的颜色、形状、纹理等影像形态，构造深层语义信息分类空间；采用模糊数学理论、元素相乘算法求交、逻辑叠加分析法提取影像的控矿因素；结合物化探等多源资料，构造遥感地质找矿模型。实验结果表明，该方法为地勘工作中的外围勘查和矿床定位提供了可靠的依据。

（4）提出了比值运算、多尺度分割、随机森林相结合提取变质矿物的方法。核心思想为利用地统计学中的变差函数描述矿物的全局和局部空间结构变化性，采用矢量叠加的方法组合多尺度纹理特征与光谱特征，利用随机森林完成矿物分布带的搜索。实验表明，该方法能很好地描述地球化学元素分布的随机性及其在岩石等介质中的局部富集和贫化规律，提取结果稳定。

（5）提出了遥感影像岩性自动分类和主要及典型造岩矿物识别交叉验证的填图方法。核心思想为利用影像光谱特征及小波变换得到的多尺度纹理特征构造分类特征空间，进行 10 次高维且非正态分布的岩性分类，利用投票法避免岩性因样本的空间变异性产生的动态变化，优化岩性单元分类结果；采用可避免局部最优的蜂群算法搜索支持向量机的参数；构造了可有效提取白云母、黑云母、方解石、角闪石等矿物的指数。野外工作证明，该方法能智能化地识别影像的大部分岩性，填图结果与野外调查结果的相关系数为 0.7。

本书的创新点主要包括：

（1）提出了结合主成分分析（波段比值）、多尺度分割和 SVM（RF）的 ASTER 矿化蚀变信息提取方法，解决了基于像素级光谱特征提取信息噪声较多的问题，能稳定地描述地球化学元素分布的随机性。

（2）提出了结合小波包变换和 RF 的蚀变信息提取方法，提取铁染、Al－OH 及 Mg－OH 基团蚀变信息时能消除矿物组分的百分比引起的光谱动态变异噪声，而且能充分利用光谱的能量表征矿物的富集和贫化规律。

（3）提出了基于多尺度卷积神经网络特征分解的找矿预测方法，解决了遥感影像高植被覆盖、干扰信息多样、岩性交错分布地区的蚀变矿物高层语义信息的提取问题。

存在的问题如下：

（1）本书的大部分分类或提取算法只适用于植被覆盖稀少区域，对于植被覆盖较多、含水量变化、风化等因素引起的光谱及空间变异性，没有很好的解决方案，还需进一步研究；书中的深度特征分解方法及神经网络的构建过程还有待改进。

（2）因某种单一影像的波段覆盖范围的局限性，探测岩石单元的空间形态和内部层理特征的效果有限。

（3）本书算法较为复杂，步骤和参数较多，多个算法的运行效率有待提高，比如：进行多尺度分割时可采用邻域数组的存储方法提高检索速度；运行 SVM 或者 RF 时可以调整样本数量及样本可靠性提高运算效率；可以采用分布式系统提高计算机的运算速度。

需要继续研究的工作：

（1）多源遥感数据融合：ASTER 影像在 VNIR 只有绿光及红光波段，缺少蓝光光谱特征，而蓝光波段有铁染蚀变的重要吸收特征，可以结合 ETM＋（覆盖蓝光波段）影像进行铁染蚀变信息的精细化提取；为避免某种单一影像的波段限制,探测岩石的空间形态和深度特征时可融合不同数据源,比如结合 ASTER、WorldView – II、Spot 数据、ETM + 数据的空间和光谱优势进行矿物信息提取及岩性分类。

(2)分类约束条件改进:比值运算或主成分分析在增强目标矿物的同时,也增强了其他具有相似光谱特征的矿物,导致误分类,可通过原始岩性进行约束;矿物颗粒大小显著影响矿物提取精度,可以考虑将粒度指数作为约束条件进行矿物提取;地质体经过长期演变具有各向异性的特征,可以将方向特征作为约束条件,进行多分辨率及多方向的岩性信息提取。

(3)CNN 架构的改进:进行深度特征分解时,为了降低计算机成本提高 CNN 性能,可以用微型神经网络代替传统 CNN 的卷积过程,还可以采用全局平均池化层来替换传统 CNN 的全连接层,以增强神经网络的表示能力;深度架构出现的梯度消失问题,可通过层连接的重新调整和新模块的设计来解决;CNN 架构可从深度和空间利用方面改进,如参数优化、正则化、结构重构、特征图利用通道提升等。

(4)本书虽然基于深度特征分解提取了植被覆盖较多地区的蚀变信息,但是对于地貌更为复杂地区的植被覆盖、含水量变化、风化、岩性演变等因素对矿物信息提取的干扰机制、消除办法都需进一步研究,可结合机载高空数据和岩芯光谱测试系统获得精度更高的地表信息及深层次岩性信息,建立更完善的矿物信息提取模型。

由于本书只是研究的阶段性成果,时间仓促,作者水平有限,错谬之处难免,恳请各位读者和同行专家指正。

西安财经大学唐淑兰

2022 年 2 月 17 日

目　录

第一章 绪 论

  遥感技术的发展极大地拓展了人类的视野和对地观测能力，具有宏观性、综合性、多尺度、多层次的特点，已成为地质勘查和研究不可或缺的技术手段，在地质调查、矿产勘查、地质环境评价、地质灾害监测和基础地质研究等方面都发挥了日渐强大的作用。随着传感器分辨率（空间、光谱、时间、辐射）的不断提高，特别是高光谱和干涉雷达技术的发展，遥感的观测尺度、对地物的分辨本领和识别的精细程度得到了极大提高，同时使遥感地质发生了由宏观探测到微观探测，由定性解译到定量反演的质的飞跃，将遥感地质和应用都推向一个新的高度。目前的遥感影像信息提取技术可以提取矿床的各类控矿因素，在分析研究区金属有机地质特征的基础上，充分利用遥感数据所显示的颜色、形状、纹理等影像形态挖掘隐藏数据，运用数学及影像处理技术，综合确定找矿靶区，结合物、化、探等多源资料，可设计精确的遥感地质找矿模型。

第一节 遥感技术找矿及填图概述

一、遥感技术找矿及填图的基本原理及方法

1. 遥感技术的概念和特点

  遥感是利用遥感器从空中（飞机、卫星等）通过探测物体与特定谱段电磁波的相互作用（辐射、反射、散射、极化等）特性，识别地物及其物理、化学性质的技术，是有别于探测力场（重力、磁力）、弹性波等特性

的地球物理方法。它是一种快速有效的获取大规模信息的技术。遥感是在航空摄影的基础上发展而来的，1972 年美国搭载多光谱扫描仪（MSS）的陆地卫星（LANDSAT）发射成功，标志着遥感作为一门新型技术学科的确立。遥感技术主要分为两类：一类是航天遥感技术，主要是指技术人员利用卫星收集数据；另一类是航空遥感技术，主要指利用飞机等平台测量地形，收集所需数据，该技术已广泛应用于测绘成图。目前，遥感常用的谱段为可见短波红外（0.38 – 2.50μm）、中红外（3 – 5μm）、热红外（8 – 14μm）和微波（0.8 – 30cm）谱段。

遥感技术出现几十年以来，各种类型对地观测卫星的升空，新型传感器的不断推出，小卫星系统、无人机系统、艇基技术的发展，使得远距离对地观测向整体化、系列化和国际化的方向发展，多平台、多尺度、多层次、多传感器的立体对地观测体系正在逐步建立。传感器频谱范围的不断拓宽，分辨率（空间、光谱、时间、辐射）的不断提高，不仅极大地提高了遥感的观测尺度、对地物的分辨本领和识别的精细程度，而且使遥感的数据处理、信息提取和工作方法都发生了一些质的变化和飞跃，将遥感技术和应用都推向一个新的高度。

空间、时间、光谱分辨率的提高引领了遥感技术新的研究方向。目前，民用卫星影像的空间分辨率可以达到厘米级。空间分辨率的提高使地物精细的空间特征，包括地物的大小、形状、阴影、空间分布、纹理结构、与其他地物的空间关系等，在遥感影像上具有更细节的表现。地物的空间特征在地物识别中越来越占据主导的地位。时间分辨率的提高细化了遥感动态监测的时间粒度，使遥感变化检测研究发展到对地物或现象演化过程的研究，序列图像分析将成为地物变化研究的热点方法。高光谱技术的兴起与发展，使遥感可以依据获得和重建的像元光谱，直接识别地物类型、地物组成甚至获取地物的成分，反演地物的物理、化学参量，使遥感发生了由宏观到微观探测的质的飞跃，并使遥感应用逐渐摆脱"看图识字"的阶段，而越来越依赖于对地物波谱特征的定量分析和理解。

光学遥感的能量来源于太阳辐射。太阳辐射通过大气到达地球表面，与地面目标相互作用后反射到天空。进入大气层后，由遥感成像传感器的光学系统采集，然后传输到成像传感器阵列，将光信号转换为电信号。一系列电子处理形成数字影像，卫星下行数据通道将影像传输到地面应用系统。在接收到下行链路数据后，地面应用系统通过解码和重排等处理获得可用的数字影像。地表目标反射回天空的电磁波已经携带了目标的光谱信息，这是遥感影像解译的基础。图1.1描述了遥感技术的原理。

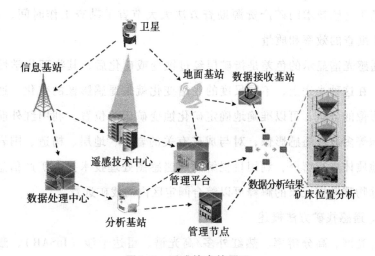

图1.1 遥感技术的原理

2. 遥感技术在地质勘查中的作用

地质和岩层的复杂分布不仅带来了巨大的资源，也带来了巨大的开发困难。由于地质地层的复杂性、矿产资源分布的分散性，传统的矿产资源勘查技术不能完成多种勘查任务，勘探工作往往需要更多的人力和资金，不能保证勘探成果的科学合理性。遥感技术引入后，问题得到了有效解决。通过遥感技术，对不同岩层和矿区进行光谱分析，并以图标的方式绘制并实现分析结果。通过图标，可以有效地了解各种矿产资源的分布情况。

遥感影像的线性结构能有效、直观地显示矿物的地质分布。通过对构造的分析，得出该部位地质矿产资源的分布规律，最终确定可采矿产的具体分布位置。地质地貌的巨大变化会影响矿产资源的分布和成矿概率。在地质地貌变化较大的地区，往往很容易找到具有开采价值的矿产资源。但无绝对性，一些具有较高开采价值的矿产资源也广泛分布于与主断层斜交或平行的次级断层及节理带中。遥感技术显示的光谱图能够有效显示矿产资源的分布情况，对遥感光谱图的分析可以有效了解区域内矿产资源的地质结构特征和分布情况。光谱分析图是三维的，可以挖掘更多的信息进行数字化和技术处理，通过对图的分析，可以大致规划出矿产资源的分布位置。基于遥感技术的矿产资源勘查方法大大节省了勘查工作时间、人力，提高了勘查的效率和质量。

遥感光谱显示的色差是指矿层经过蚀变或矿化后，其物理化学性质的变化。在这种光谱上，不同尺度的光谱变化就是遥感影像的变化。通过对这些影像的分析，可以准确地确定矿化蚀变矿床的位置。利用红外航空遥感影像等多波段遥感影像，对与成矿有关的岩石、地层、构造、围岩蚀变带等地质体进行解译，利用目视解译和遥感图处理技术提取矿产信息，利用地球物理勘探成果的解释可以综合圈定区内的找矿远景。

3. 遥感找矿方法概述

高光谱、高分辨率、热红外多/高光谱、雷达干涉（InSAR）、激光雷达（Lidar）等技术的兴起和发展，使遥感地质学继表层遥感应用领域之后，进一步进入了定量化发展阶段。遥感地质是计算机技术、数学和地质理论相结合的产物。如何更好地利用现代遥感技术进行找矿勘探是遥感地质学家应考虑的问题，不能单纯依靠经验，也不能单纯依靠计算机自动提取信息，必须对数据进行综合分析评价，结合影像特征，充分发挥数学和统计学的优势提取信息。遥感地质找矿是从遥感影像或遥感数据中，发现和提取成矿地质背景、成矿地质条件和成矿地质形迹等与成矿地质作用有关的成矿、控矿和找矿信息，建立遥感找矿模型。需要获取的信息包括矿源层信息、成矿母岩、控矿、导矿、容矿等构造信息，火山机构、隐伏岩体等热动力信息，矿化蚀变等成矿作用信息以及成矿后期剥蚀和破坏信息，等等。

据地质找矿理论分析可知，矿床的形成是各种地质因素产生变化的结果,同时又使一些地质因素发生改变,找矿过程就是寻找有别于地质背景的异常的过程。遥感异常是重要的地质异常之一。广义的遥感异常包括由"线""环""块""色"等影像特征以及它们之间的相互关系所反映的成矿地质背景、地质条件和成矿作用信息。狭义遥感异常专指遥感矿化蚀变信息。

遥感地质找矿模型的建立使得遥感地质由影像和信息层面上升到知识和规则层面。遥感地质工作者通过对若干年的实践经验总结,形成了不同类型、不同风格的以遥感信息为主导的遥感找矿模型或找矿方法,代表性的有五要素找矿预测法、矿源场-成矿节-遥感信息异常找矿模式、综合信息找矿预测以及以蚀变异常为核心的遥感综合找矿模式等。五要素找矿预测法将遥感地质信息归纳为"线"——控矿、导矿、容矿等构造信息,"环"——火山机构、侵入体等信息,"带"——矿源层信息,"块"——构造岩块信息,"色"——色块、色晕、色斑、色带等热液蚀变信息,通过对这些信息的提取、分析及其相互关系的研究,优选找矿靶区。在矿源场-成矿节-遥感信息异常找矿模式中,矿源场指矿源层、成矿母岩体、控矿导矿构造等成矿背景信息;成矿节指矿源场各要素的空间展布和空间组合形式;遥感信息异常包括遥感色调异常以及线、环构造。综合信息找矿预测则是将遥感提取和解译出的遥感地质特征及遥感异常作为独立的特征变量,与地质、地球物理、地球化学等变量一起作为模型的输入,根据地质成矿理论或对已知矿床(点)特征的分析和统计,确定不同变量的权重,圈定成矿有利地段或找矿靶区。矿化蚀变是成矿成岩作用的直接产物,可作为找矿的一种直接指示标志。以蚀变异常提取为核心的遥感找矿模式是基于蚀变异常提取的信息,通过对所提取异常的分类、分级、解释、评价和查证,结合线、环、带、块异常和其他地质、物化探资料,研究蚀变异常地质构造位置和成矿地质条件,排除区域变质、地表风化等所形成的非矿异常或干扰,筛选矿化异常。以蚀变异常提取为核心的遥感综合找矿模式是一种结果明确的遥感找矿方法。

高光谱不仅能识别蚀变异常,还能识别单矿物以及矿物的化学成分及晶体结构,定量或半定量估计蚀变强度和蚀变矿物相对含量。在可见短波红外谱段,识别的矿物主要为 Fe、Mn 等过渡元素的氧化物和氢氧化物,含羟基矿物、碳酸盐矿物以及部分水合硫酸盐矿物,可识别的矿物可达近 40 种,包括绝大多数蚀变矿物。分析蚀变矿物组合和蚀变分带,判定蚀变类型,追索矿化热液蚀变中心,圈定找矿靶区及成矿的有利部位;或通过识别与成矿密切相关的指示矿物或标志性岩石,寻找同种类型的矿床;或检测植被金属中毒和油气微渗漏引起的植物异常;还可根据矿物的空间分带、典型矿物或标志矿物的成分及结构变化,推断成岩成矿作用的温压条件、热动力过程、热液运移和岩浆分异的时空演化,恢复成岩成矿历史,建立不同矿床的成矿模型和找矿模型。使用中热红外谱段,更有可能识别绝大多数的矿物类型。矿物填图技术的发展使遥感地质找矿进入一个新的历史发展阶段。

传统的基于中低空间分辨率、多光谱或高光谱影像数据的遥感找矿方法有四种。一是根据经验和视觉判读确定目标区域。这种方法通常适用于有多年经验的遥感地质学家。二是从多光谱遥感影像中提取地质构造和蚀变信息,综合分析区域成矿有机地质条件,确定找矿靶区。这种方法通常适用于熟悉地质成矿理论和工作人员。三是利用计算机影像处理技术提取地质信息。这种方法通常是不懂地质的人根据计算机解译信息来判别金属有机质特征,其结果一般不为地质工作者所接受和采用。四是运用数理统计方法对各类遥感地质资料进行综合分析,进行综合评价。该方法适用性强、综合性强,在遥感找矿中是一种应用广泛的方法。信息提取是高分辨率遥感影像理解和识别的关键步骤。线性纹理信息提取是信息提取的重要组成部分。然而,与中低分辨率遥感影像相比,高分辨率遥感影像中地物的光谱特征更为明显;同时,地物的几何结构、纹理等空间结构信息也非常突出,这使得仅通过影像信息就可以实现更精确的地面目标提取。基于像元的遥感影像分析方法不能满足高分辨率遥感影像信息提取的要求,成为大规模遥感应用的瓶颈。高分辨率遥感影像的信息提取迫切需要从基于像素的信息提取向基于特征的信息提取转变,充分利用高分辨率遥感影像中地物丰富的特征信息进行精确的目标识别和提取。

　　虽然高分辨率遥感影像的获取技术已经取得了显著的进步，但是高分辨率遥感影像信息处理技术的发展却相对滞后。与中低分辨率遥感影像相比，高分辨率遥感影像中的目标不仅清晰可辨，而且细节丰富。目标之间的边界清晰，影像中的一个像素不再像中低分辨率遥感影像那样包含多种地物信息，而只反映地物的局部信息。虽然视觉解译方法仍然可以用来对高分辨率遥感影像中的目标进行分类和识别，但对于许多高分辨率遥感影像来说，这无疑意味着巨大的工作量，并且需要较长的时间来获取影像中的地物信息。然而，如果采用基于计算机的像素分类方法对高分辨率遥感影像进行分类，结果往往含有过多的"椒盐"噪声，不利于遥感的进一步应用。可以看出，原有的中低分辨率遥感影像处理方法已经不能适应高空间分辨率遥感影像细节丰富等新特点，导致大量高分辨率遥感影像无法得到有效及时的处理，不能充分发挥其应有的作用，从而进一步限制了高分辨率遥感影像在各个领域的广泛应用。许多学者在这一领域做了大量的研究工作，例如：Manjunath 等提出了一种基于多尺度 gabor 特征和纹理字典的航空影像查询系统；Zhlub 利用自组织神经网络提取影像的纹理特征，并提出了一个遥感影像检索原型系统；Agoras 建立了基于 shape 的智能高精度卫星影像和航空影像原型系统，建立了基于形状的遥感影像检索系统，系统采用基于形状全局特征和局部特征的两步检索策略，该系统利用简单的全局特征过滤掉大部分不相关的形状，采用向量近似法对类别进行定位。基于内容的遥感影像检索虽然取得了一些进展，但仍存在检索特征单一、准确率和效率低等缺点。

二、多尺度分析方法

　　从 Fourier 于 1807 年提出任意一个周期为 2π 的函数都可以表示成一系列三角函数以来，直到如今具有良好发展前景的小波分析，各行业的学者们致力于研究对不同的函数空间提供一种直接、简便的分析方式，即寻找函数在某一特定空间下或某种基下的最优逼近。逼近的误差体现了用此基表示函数的稀疏程度或分解系数的能量集中程度。

Fourier 变换属于调和分析，具有良好的性质，该变换是线性算子，逆变换容易被求出且形式与正变换类似，基本思想是任意函数都可以表示为正弦函数的线性组合，可以将原函数在时域中的特征转换为这个叠加权系数的特征，在频域中进行研究。为了避免这种三角函数体系展开方式的局限性，人们开始寻找其他的正交体系，即小波分析。小波分析在数学界能够成功的关键是，它能进行精确的时频定位，可作为处理非平稳信号的有利工具。研究证明，小波分析比 Fourier 分析更能稀疏地表示一段分段光滑或有界变差函数。但是，由于张量积小波只具有有限方向数，它主要擅长表示一维奇异性的对象，并不能很好地处理二维或更高维的奇异性。小波在表示这些函数时并不是最优的或者最稀疏的表示方法，且冗余度很大。

多尺度几何分析以其具有方向性的稀疏表示优势成为处理高维奇异性的良好工具。它具有局部性、方向性和多尺度性，这在图像的有效表示方面符合人类视觉皮层的认知。它的目标是为具有面奇异或线奇异的高维函数找到最优或最稀疏的表示方法。目前，已有的多尺度几何分析方法有脊波变换（Ridgelet Transform）、单尺度脊波变换（Monoscale Ridgelet Transform）、Curvelet 变换（Curvelet Transform）、Bandelet 变换、Contourlet 变换。另外，还有一些多尺度分析方法，如 Wedgelet、Beamlet 等。

图像的稀疏表示在图像数据的压缩、存储、传输中得到了广泛应用。余弦基和小波基能够用较少的系数进行图像较精确的非线性逼近，成为图像稀疏表示的核心方法。而如今多尺度几何分析的出现，又为图像的稀疏表示提供了一种全新而又有效的方法。

1. 奇异性

无限次可导的函数可看作是光滑的或没有奇异性的。若函数在某处有间断或某阶导数不连续，则称该函数在此处有奇异性。图像的奇异性或非正则结构通常包含了图像的本质信息。例如，图像亮度的不连续性表示景物中的边缘部分，边缘部分可以描述图像的轮廓信息。图像的奇异性常见而且重要。在自然界中，光滑物体的边界往往体现为沿光滑曲线的奇异

性，并不仅是点的奇异性；在数学上，通常用 Lipschitz 指数刻画信号的奇
异性大小。

2. 多尺度几何分析

（1）脊波变换（Ridgelet）

脊波变换是一种非自适应的高维函数表示方法，对含直线奇异的多变
量函数能够达到最优的逼近阶。脊波变换的前身是子波变换（Wavelet），
具有局域性、频局域性，对瞬间信号的表示能力很强。脊波变换的提出对
多尺度几何分析方法的发展有不可估量的价值。脊波变换的核心思想是，
经过 Radon 变换把线状奇异性变换成点状奇异性，恰好小波变换能有效地
处理在 Radon 域的点状奇异性；其就是通过对小波基函数添加一个表征方
向的参数得到的，所以它兼有小波的局部时频分析能力，还有较强的方向
选择和辨识能力，可以非常有效地表示信号中的方向性奇异特征，这恰好
是小波方法所不能得到的。

脊波在分析直线奇异的分段光滑的高维函数方面表现优秀，已经成功
应用于数学中的函数逼近、信号检测、特征提取、目标识别，以及图像恢
复、去噪、增强等方面。在脊波分析的框架下，结合二进小波变换的局部
脊波变换用于检测直线的方法，应用于方向性较强的图像，获得了良好的
检测效果。但是，实际应用中，自然物体奇异的边界往往是曲线的，经过
Radon 变换后仍然为曲线，而小波无法稀疏地表示各类曲线。因此，脊波
不能够处理曲线奇异的高维函数。另外，脊波的数字化实现仍然是一个有
待提高的问题。如何很好地解决冗余度和精度，提高运算速度，是制约着
脊波走向广泛应用的主要因素。

（2）单尺度脊波变换（Monoscale Ridgelet）

单尺度脊波变换，也叫局部脊波变换（Local Ridgelet Transform），它
的提出解决了对含有曲线奇异的多变量函数的稀疏逼近问题。单尺度脊波
变换的构造是利用剖分的方法，用直线来逼近曲线。单尺度脊波对于含曲
线奇异的函数 f 的最大 m 项分解系数重构误差为：

$$\| f - f_m^{MR} \|_{l^2}^2 \leq C \max(m^{-r}, m^{-3/2}) \tag{1.1}$$

其中，r 表示函数 f 中奇异曲线 r 阶可微。也即当 $1 \leqslant r \leqslant 3/2$ 时，它的重构公式的逼近阶为 $O (m^{-r})$，当 $3/2 \leqslant r \leqslant 2$ 时，其逼近阶为 $O (m^{-3/2})$。而小波对于含曲线奇异的函数的最大 m 项系数的重构误差为：

$$\| f - f_m^W \|_{L^2}^2 \leqslant C m^{-1} \tag{1.2}$$

可见，单尺度脊波对于有曲线奇异的多变量函数的逼近性能优于小波。

（3）曲波变换（Curvelet）

曲波变换是在单尺度脊波变换的基础上发展而来的，也是对曲线奇异的物体的一种非自适应稀疏表示。单尺度脊波是在某一基准尺度 s 上进行脊波变换，而 Curvelet 变换是在所有可能的尺度 s 上进行脊波变换。Curvelet 变换是把原始数据按照数据的大小多尺度分解为不同的层数，它是将图像进行子带分解之后对不同尺度的子带图像采用不同大小的分块表示，再对各分块进行脊波分析。它实质上可看作是多尺度的方块脊波变换。Curvelet 集合了脊波的直线表示优势和小波的点特征描述优势，并加入了多尺度分析的优点，可处理诸如图像去噪、图像压缩、对比度增强、遥感影像处理及边缘检测等问题。Curvelet 变换基的支撑区间满足各向异性尺度关系，可以很好地逼近图像中的奇异曲线。

Candès 等后来又提出了第二代 Curvelet 变换，它直接通过频率来划分定义而不利用脊波变换，并提出了两种快速算法，即基于不等价 - 空间快速 Fourier 变换（USFFT）和基于特殊选择的 Fourier 采样的绕叠。新算法理论的提出使得 Curvelet 变换更简单、快速，减少了初代算法带来的复杂冗余。两种算法都返回了一系列具有尺度参数、方向参数和空域位置参数的 Curvelet 系数。另外，当处理 $n \times n$ 的图像时，两种变换的计算复杂度为 $O(n^2 \log n)$。就第一代 Curvelet 变换而言，处理数字图像时，由于需要旋转操作和对应的基于极坐标的频率划分，在矩形网格上采样的困难导致在连续域构造简单的 Curvelet 变得不易，尤其是临界采样在这种离散构造方式下更加困难。其原因在于：矩形网格采样将更重要的几何特性强加在离散化的图像上，如水平和垂直方向上的斜线，从而导致了类似 Curvelet 的多方向、多尺度的变换情况的出现。这样很难达到较好的应用效果，一是原始的 Curvelet 变换是粗糙的，包含 16 倍的数据冗余。事实上，每个子带都比原始采样图像有着更多的系数。另外，为了避免重构图像中出现块的边界效应的基于剖分的变换，使得 Curvelet 实现时对每一个剖分块都进行了叠加处理，这增加了变换的冗余度。新的插值算法和改进的空间剖分有望减小变换的冗余度，因此 Curvelet 的冗余问题需要做更广泛的实践和理论研究，而计算速度的提高却依赖于基础软件的改进。目前，为了解决极坐标与矩形坐标之间的转换问题，提出了一些插值方法，但这些方法都依赖于超完备系统。

Curvelet 变换的每一次改进都导致了空域分辨率和角度分辨率的成倍增加；另外，还有一个有别于小波变换的特点是，方向随尺度增加而增加。因为 Curvelet 变换是一种频率定义法，因此能否有一种空域的算法也能使每一次的改进都能导致空域分辨率和角度分辨率的成倍增加。同时还必须注意到，当图像的边缘并非 C^2 的分段光滑函数时，Curvelet 的逼近性能就非最优了。如果边缘是沿着有限长度的非正则曲线（有界的变差函数），则 Curvelet 的逼近性能稍逊于小波；如果边缘是沿着曲线的正则性为 $C\alpha$ 且 $\alpha > 2$ 的曲线，则逼近的衰减指数保持在 2，而非最优值。

（4）Contourlet 变换

Contourlet 变换继承了 Curvelet 变换的各向异性尺度关系，可看作是 Curvelet 变换的另一种实现方式。Curvelet、小波等许多其他变换最初都提出于连续域，然后才有对离散取样数据的数字实现。离散化的困难促使了 M. N. Do 和 Martin Vetterli 提出一种直接产生于离散域的变换，类似于小波基从滤波器组导出的方式；Donoho 和 Vetterli 利用不可分滤波器组构造离散域上多分辨率、多方向的基函数，由于利用类似于轮廓段的基本结构灵活的多尺度、多方向局部地表示图像，因此被称为 Contourlet 变换。

Contourlet 变换的基本思想是：首先用一个类似小波的多尺度分解捕捉边缘奇异点，再根据方向信息将位置相近的奇异点汇集成轮廓段。Contourlet 变换选用 Burt 和 Adelson 于 1983 年提出的拉普拉斯塔式滤波器结构

(Laplacian Pyramid，以下简称 LP）对图像多分辨率分解来捕捉奇异点。LP 分解首先产生原始信号的一个低通采样逼近及原始图像与低通预测图像之间的一个差值图像，对得到的低通图像继续分解得到下一层的低通图像和差值图像，如此逐步滤波得到图像的多分辨率分解。相比临界采样小波方案，LP 分解在高维情况下每层仅产生一个带通图像，避免了扰频现象（因为 LP 滤波器组仅对低通图像进行了下采样）。利用正交滤波器组实现 LP 分解能得到框架界为 1 的紧框架，这也是 Contourlet 变换中采用 LP 分解的原因之一。

　　Contourlet 变换是一种真正意义上的图像二维表示方法，具有良好的多分辨率、局部化和方向性等优良特性。它将小波的优点延伸到高维空间，能够更好地刻画高维信息的特性，更适合处理具有超平面奇异性的信息。这种方法可以很好地抓住图像的几何结构，并且采用灵活的轮廓线段的构造方式。Contourlet 可以满足曲线的各向异性尺度关系，并且提供一种快速的、结构化的像曲线波一样的分解采样信号方法。与其他分析方法不同的地方在于，Contourlet 允许在不同尺度下有不同数目的方向，使得它能成功逼近含 C2 曲线的光滑分段函数。Curvelet 的第一步是在连续域的变换，然后对采样数据进行离散，而 Contourlet 是从离散域构造出发，并研究其在连续域的收敛。特别地，利用不可分滤波器组，Contourlet 提供了一种离散域的多分辨和多方向的表达方式，这一点与起源于滤波器组的小波变换很相似。实际应用证明，利用抛物线的尺度和足够的方向消失矩，Contourlet 能够对具有二次连续可微的曲线光滑函数达到最优的逼近，其冗余度比不到 4/3，计算复杂度为 $O(n^2 \log n)$。实验证明，在大多数图像应用中，Contourlet 的效果都优于其他 MGA 分析工具。

　　但是 Contourlet 也有不足之处，对于大多数角度滤波器，Contourlet 并不能在频域迅速局部化。在这种情况下，Contourlet 变换的思想是不可靠的。这也意味着，在应用上，Contourlet 缺乏在空域中沿脊线的光滑性，并且可能由于数值问题的原因出现伪振荡，尤其是在处理科学计算问题时。理论上讲，Contourlet 并没有形成逼近理论和算子理论那样雄厚的理论，因此 Contourlet 变换的理论基础还需进一步完善，而它在图像处理领域的应用还需进一步探讨。

（5）条带波（Bandelet）和楔波（Wedgelet）变换

Pennec 和 Mallat 基于传统小波分析提出了一种将图像沿着在几何流方向上拉伸的多尺度向量分解的基——bandelet 基，其中，几何流暗示的方向是图像灰度级含有规则变化的方向。Bandelet 变换根据图像边缘效应自适应地构造了一种局部弯曲小波变换，将局部区域中的曲线奇异改造成垂直或者水平方向上的直线奇异，再用普通的二维张量小波处理，而二维张量小波基恰恰能有效地处理水平、垂直方向上的奇异。Bandelet 基采用快速子带滤波算法来分解图像，并且充分利用图像中边缘奇异性的几何特性。对于几何规则图形，Bandelet 基能够达到最优逼近，其逼近性能可达 M^{-30}。在图像压缩和去噪中，快速算法 ［对于 $n \times n$ 的图像计算复杂度为 $On^2 \log_2 n^2$）］ 使得图像变形最小，图像得到最优化表达。

Wedgelet 是 David Donoho 研究如何从噪声数据中恢复原始图像的问题中提出来的一种方向信息检测水平模型，是 Donoho 利用计算调和分析的思想，给出的一种具有方向性、局部性和尺度性的超完备原子集合。Wedgelet 变换是一种简明的图像轮廓表示方法，使用多尺度 Wedgelet 对图像进行分段线性表示，能够根据图像内容自动确定分块大小，较好地捕捉图像中的线和面的特征，克服了滑动窗口方法存在的不足。Wedgelet 为水平模型中的物体提供了一种近似最优的表示方法，逼近精度可达 M^{-2}，是一种自适应方法，主要用于检测有噪图像中线性奇异性的信息。

（6）小线（Beamlet）变换

David L. Donoho 教授 1999 年首次提出了一种新的多分辨率图像分析框架，在此框架下，线段扮演的角色类似于点在小波分析中扮演的角色，称为 beamlet 分析。小线分析以各种方向、尺度和位置的小线段为基本单元来建立小线库，图像与库中的小线段积分产生小线变换系数，以小线金字塔方式组织变换系数，再通过图的形式从金字塔中提取小线变换系数，从而实现多尺度分析，能比小波更有效地抽取图像中的线性特征，是一种较好的高维奇异性分析工具。根据小线理论及其研究结果来看，它对于处理强噪背景的图像有无可比拟的优势，例如，检测粒子物理中强噪声背景下的粒子轨迹、大尺度的宇宙结构测量、二维图像数据分析及二维体结构数据分析等。但是，小线变换的前期准备工作，如小线字典、小线金字塔扫描部分的工作量太过于庞大，不利于研究。前期工作的简化或者模块化将是小线分析应用领域扩展的前提。

小波分析提供的是在某一特定尺度和位置下，在一个固定的空间范围附近，一种局部化的尺度、位置表示方法。Beamlet 具有位置、方向和尺度，但这些是基于二进组织的线段库，它提供对所有线段集合的多尺度逼进。

Beamlet 变换的优越性如下：

①Beamlet 分析可有效提取位置、尺度信息及方向信息。

②Beamlet 似针（Needle - like）的分析工具，以线基表示边缘，效率较小波（点基）高得多。

③beamlet 变换可以很好地体现图像中线特征的空间关系，如同一条直线、互连的曲线及封闭曲线。其中，David. L. Donoho 等就提出四种结构算法。

Beamlet 链给出了平面内精密曲线的稀疏逼近表示、一定意义上的最优表示。与小波的稀疏表示相比，小波分析提供的是对光滑函数的最优稀疏表示，而 Beamlet 提供的是对图像中光滑曲线的最优稀疏表示。Beamlet 理论对于含噪声的细线检测和边界寻找问题提供了基本而正确的数据结构。Beamlet 金字塔包含图像在所有尺度和位置上对线段的积分。在某些信号检测问题中，通常的基于像素级滤波的检测器的信噪比很差，导致检测概率较低。然而隐藏在金字塔中的信息可以较高的信噪比积分，完成普通滤波或普通边缘检测方法所不能完成的任务。

三、基于机器学习的遥感影像解译

近几十年来，遥感影像的自动化分类技术飞速发展，从平行管道法、最小距离法、最大似然法（MLC，Maximum likelihood classification）到各种智能分类器，如神经网络（ANN，Artificial neural network）、支持向量机（SVM，Support vector machine）、随机森林（RF，Random forest）等，这些分类技术在遥感应用领域已经被广泛验证。在遥感地质应用中，最大似然法是最常用的方法，它是参数化分类器。如果特征点的分布呈现正态分布，则使用 MLC 可以精确进行岩性划分等工作。但是随着遥感影像分辨率的不断提高，影像提供了更复杂的地物分布和更丰富的细节信息，使得类别内部的光谱特性更具变化，类别之间的光谱差异减少，仅使用均值和方差统计量来描述各类地物的光谱属性增加了分类的不确定性。因此，利用基于机器学习的智能化分类器来解译高分辨率遥感影像，探寻这些先进的非参数化方法对于高分辨率影像模式识别的优势具有重要的意义。

1. 遥感影像分类方法

遥感影像分类是用一个影像数据集构造出有意义的专题图的过程。影像分类器可以分为监督分类和非监督分类。非监督分类是指分类之前没有任何先验知识，仅凭遥感影像地物的特征分布规律完成 2 值划分，分类结果形成了不同地物类别，但是无法获得各类别的详细属性，各地物的属性只能通过后处理分析，如经验知识、目视判别、实地勘测等得到。监督分类是指利用人们对研究区域的先验知识首先定义各地物类别，通过选择训练样本将先验知识应用于分类过程，训练各分类器，产生分类模型，然后用模型的判断规则或者判断函数对未知数据进行分类，分类结果明确，各地物属性也有描述。

非监督分类的理论依据为地物的光谱特征，遥感影像上的同类地物在相同的表面结构、植被覆盖及光照等条件下具有相同或相似的光谱特征，从而可根据某种相似性将地物归类到不同的光谱空间区域。非监督分类主要采用聚类分析的方法，根据光谱或者空间特征，把像素按照相似性归成若干类别，目的是尽可能减小属于同一类别的像素之间的距离，尽可能增加不同类别像素间的距离。在非监督分类时并无基准类别的先验知识可用，因而，只能先假定初始参量，并通过预分类处理来形成集群，再由集群的统计参数来调整初始参量，接着再聚类、再调整，迭代进行直到有关参数达到允许的范围为止。因此，非监督算法的核心问题是初始类别参数的选定以及迭代次数的确定。常用的非监督聚类法有以下几种。

（1）K – Means 法。其基本思想是通过迭代移动各个基准类别的中心，直至没有（或最小数目）对象被重新分配给不同的聚类或者聚类中心不再发生变化或者误差平方和局部最小时结束聚类。该算法能使得聚类域中所有样本到聚类中心的距离平方和最小，它的结果受到所选聚类中心的个数 K 及初始聚类中心选择的影响，也受到样本的几何性质及排列次序的影响，实际应用中，需试探不同的 K 值和不同的初始聚类中心。

K – Means 类的算法如下：

步骤 1：确定需要分类的类数 k。

步骤 2：从数据集 X_j 中随机选取 k 个对象作为 k 个类 G_i 的初始聚类中心 C_i （$i = 1, \cdots, k$）。

步骤 3：依次计算对象 X_j 与这 k 个聚类中心 C_i 的距离 $d(X_j, C_i)$，并将对象划分到距离最小的类中。

步骤 4：分别计算新生成的各个类 G_i 中所有对象的均值，并作为新的聚类中心。

步骤 5：计算非线性目标函数，若误差函数变化很小，结束聚类，否则重复步骤 3 – 步骤 5。

（2）迭代自组织的数据分析算法 ISODATA （Iterative Self – Organizing Data Analysis Techniques Algorithm），此算法与 K 均值有相似之处，即聚类中心是通过样本均值的迭代运算来决定的，但 ISODATA 算法聚类中心的数目是变化的，它能利用中间结果所得到的经验，在迭代过程中将某一类别一分为二，亦可能将两类合二为一，具有自组织功能，属于一种启发式的算法。ISODATA 法实质上是以初始类别为种子自动进行迭代聚类的，它可以自动地进行类别的合并和分裂，各个参数也在聚类调整中逐渐确定，并最终构建所需要的判别函数。因此可以说，基准类别参数的确定过程也是利用光谱特征的统计性质对判别函数的不断调整和训练的过程。

算法步骤如下：

步骤1：选择某些初始值。可选不同的参数指标，也可在迭代过程中人为修改，以将 N 个模式样本按指标分配到各个聚类中心中。

步骤2：计算各类样本的距离指标函数。

步骤3－步骤5：按给定的要求，将前一次获得的聚类集进行分裂和合并处理（步骤4为分裂处理，步骤5为合并处理），从而获得新的聚类中心。

步骤6：重新进行迭代运算，计算各项指标，判断聚类结果是否符合要求。经过多次迭代后，若结果收敛，则运算结束。

（3）自组织映射网络 SOF（self-organizing Mapping），又称为自组织特征映射网络 SOFM（Self-organizing Features Mapping），是芬兰学者 Kohonen 根据生物神经元自组织的这一特性提出的。自组织映射网络引入了网络的拓扑结构，并在这种拓扑结构上进一步引入变化邻域概念来模拟生物神经网络中的侧抑制现象，从而实现网络的自组织特性，是基于竞争性学习的。其中，输出神经元之间竞争激活，结果是在任意时间只有一个神经元被激活。

自组织的过程分为初始化、竞争、合作、适应几个阶段。算法步骤如下：

分为两个阶段：①学习阶段，随机选择训练数据，根据欧氏距离选择获胜神经元，更新获胜神经元及其邻域神经元的权值；②聚类阶段，将测试数据映射到神经元，相似的数据会映射到相邻神经元。

步骤1：网络初始化，用随机数设定输入层和映射层之间权值的初始值。

步骤2：输入向量，把输入向量输入给输入层。

步骤3：计算映射层的权值向量和输入向量的距离、映射层的神经元和输入向量的距离。

步骤4：选择与权值向量的距离最小的神经元，计算并选择使输入向量和权值向量的距离最小的神经元，把其称为胜出神经元，并给出其邻接神经元集合。

步骤5：调整胜出神经元和位于其邻接神经元的权值。

步骤6：是否达到预先设定的要求，如达到要求则算法结束，否则返回步骤2，进入下一轮学习。

监督分类，即训练分类法，指用已知类别的样本去识别未知类别像元的过程。在这种分类中，分析者在影像上对每一种类别选取一定数量的训练区，自动计算每种训练样区的统计或其他信息，每个像元和训练样本做比较，按照不同规则将其划分到和其最相似的样本类中。在选择训练区时应注意以下问题：其一，训练区必须具有典型性，训练场地的样本应在各类地物面积较大的中心部分选择（同质性区域），而不应在各类地物的混交地区和类别的边缘选取，确保数据具有代表性；其二，对所有使用的辅助图件要求时间和空间上的一致性，以确定分析数字影像与地形图、土地利用图、地质图或者航空影像的对应关系时，所用的两类图件在时间上一致（或相近）、空间上相匹配。常用的监督分类法如下：

（1）盒式分类法。其原理为：当某特征点落入包络某类集群的矩形盒子里时，该点就属于盒子所在的类别。盒式分类器的设计原理非常简单，但是对于重叠区域内像素不能做出正确的判别。

（2）最小距离法。其原理是：利用各个类别训练样本在各波段的均值作为代表点，根据各像元离代表点的距离作为判别函数。距离分类器是以地物光谱特征在特征空间中按集群方式分布为前提的，这种判别方式偏重于特征点的几何位置，而不是统计特性。

（3）最大似然分类器是经典的分类方法，已在遥感影像分类中普遍采用。它主要根据相似的光谱性质和属于某类的概率最大的假设来指定像元的类别。通过对各个集群的分布规律进行统计描述，以划分不同集群的分界线（面），通常假设特征点的统计分布为正态分布，用均值协方差统计量来表示集群的概率密度函数。与最小距离规则相比，最大似然法更偏重于特征点的统计分布特性，而非几何位置。

（4）光谱角制图（Spectral Angle Mapping，SAM）的基本原理是：把

待识别的像素和参考光谱相比较，根据参考光谱和未知光谱之间的相似程度来判别未知光谱的属性。参考光谱的确定方式一般有：通过实地或者实验室的光谱仪测量，以 ASCII 码或者二进制光谱库的形式存储，该方法对天地数据的定标和校正要求很高；通过多光谱或者高光谱影像端元选择的方法，在影像中选取合适的参考光谱值。

SAM 的实现方式是：通过比较参考光谱（r）和像素的多光谱矢量（t）之间的夹角（a），把最小角度值对应的参考光谱类别作为未知光谱的属性。两个光谱矢量的表示需要考虑光谱的维数、待识别光谱和参考光谱的多维特征分量。

比较非监督分类和监督分类法，可见非监督分类不需要预先对所要分类的区域有广泛的了解和熟悉，而监督分类则需要分析者对研究区域有详细的了解以便选择合适的有效的训练样本。非监督分类更多地依赖于光谱属性，其产生的光谱集群组并不一定对应于分析者想要的类别，因此分析者面临着如何将它们和想要的类别进行匹配的问题，实际上几乎很少有一对一的对应关系。因此，在非监督分类中，分析者仍需要一定的知识来解释非监督分类得到的集群组，对分类结果进行合并，识别等后处理过程仍然需要实验区的先验知识。另外，影像中各类别的光谱特征会随时间、地形等变化，不同类型以及不同时点的影像之间的光谱集群组无法保持其连续性，从而使不同影像之间的对比变得困难。

2. 遥感影像智能化分类器

（1）多层感知器（Multilayer Perceptron，MLP）

神经网络（特指误差反向传播的多层感知器，也称为 BP 网络）起源于 20 世纪 90 年代，研究者比较了传统的统计模式识别方法和神经网络学习对于多源遥感影像的分类能力，发现由于多源遥感影像的特征分布函数很难确定，因此，神经网络比统计方法具有更大的优势。用 TM 多光谱数据进行实验，发现在合适的训练条件下，神经网络能够提供比极大似然法更优的结果。然而，尽管这些研究都证明神经网络能够得到与其他方法相当的甚至更优的精度，但是大多数研究都是基于中低分辨率影像，MLP 对于高分辨率影像的应用和分析却相对比较缺乏。

多层感知器（MLP）是一种重要的各种领域使用最多的神经网络类型。MLP由三部分组成：输入单元，即输入层；计算节点，即隐含层；以及输出节点，即输出层。它是一种基于监督学习的前馈型人工神经网络，最常用的训练算法是反向误差传播（Back Propagation，简称BP）。在很多应用中，基于BP训练的MLP通常直接被称为BP神经网络。它的基本原理是：输入向量通过网络的前向计算，产生一个输出向量，和理想输出单元相比较，网络权值在误差的反向传播中根据误差项再次调整。其具体实施步骤如下：

步骤1 初始化：在没有先验知识可以利用的条件下，可以选择一个随机分布的神经元权值。

步骤2 前向计算：设 $[x(n),d(n)]$ 为某个训练样本，其中 n 表示当前迭代次数，$x(n)$ 是输入特征向量，$d(n)$ 是其期望响应值。通过网络层层递进式的传播，可计算第 l 层的神经元 j 的局部域值 $v_j^{(l)}(n)$：

$$v_j^{(l)}(n) = \sum_{i=0}^{m} w_{ji}^{(l)}(n) \cdot y_i^{(l-1)}(n) \tag{1.3}$$

其中，$y_i^{(l-1)}(n)$ 是第 n 次迭代时，第 $(l-1)$ 层的神经元 i 的输出信号，$\sum_{i=0}^{m} w_{ji}^{(l)}(n)$ 表示从第 $(l-1)$ 层的神经元 i 指向第 l 层的神经元 j 的权值。通过响应函数 $\omega_j(\cdot)$ 可以得到第 l 层的神经元 j 的输出信号：

$$y_i^{(l)}(n) = \omega_j[v_j^{(l)}(n)] \tag{1.4}$$

当前馈计算到达输出层，即 $l=L$（L 为神经网络的深度）时，计算该层神经元 j 的输出值和理想响应值的差，作为该神经元经过第 n 次迭代后的误差值 $e_j(n)$：

$$o_j(n) = y_j^{(L)}(n) \tag{1.5}$$

$$e_j(n) = d_j(n) - o_j(n) \tag{1.6}$$

$d_j(n)$ 表示理想输出向量 $d(n)$ 的第 j 个分量。

步骤3 反向计算：从网络的输出层开始，逐层反向计算每层神经元的局部梯度。

对于输出层 L 的神经元 j：

$$\delta_j^{(L)}(n) = e_l^{(L)}(n) \cdot \varphi_j[v_j^{(L)}(n)] \tag{1.7}$$

对于隐含层 l 的神经元 j：

$$\delta_j^{(l)}(n) = \varphi_j[v_j^{(l)}(n)] \sum_k \delta_k^{(l+1)}(n) \cdot w_{kj}^{(l+1)}(n) \tag{1.8}$$

其中，$\delta'(\cdot)$ 表示激活函数的微分。根据广义 delta 规则调节网络第 l 层的权值

$$w_{ji}^{(l)}(n+1) = w_{ji}^{(l)}(n) + a[w_{ji}^{(l)}(n-1)] + \eta \delta_j^{(l)}(n) y_i^{(l-1)}(n) \tag{1.9}$$

其中，α 为动量参数，η 为学习率。

步骤 4 迭代：根据更新后的网络权值，迭代运行步骤 2 和步骤 3，从输入层开始重新进行前向后向计算。动量项和学习率可以随着训练迭代次数的增加而调整。

如果把多层感知器的监督训练视为一个数值优化问题，则 MLP 的误差曲面可以表示为权值向量 w 的高阶非线性函数。令 $\xi_{av}(w)$ 表示在训练样本上的平均代价函数，用 Taylor 级数在误差面的当前点 $w(n)$ 展开 $\xi_{av}(w)$ 得到：

$$\xi_{av}[w(n) + \triangle w(n)] = \xi_{av}[w(n)] + g^T(n) \cdot \triangle w(n)$$
$$+ \frac{1}{2} \triangle w^T(n) \cdot H(n) \cdot \triangle w(n) \tag{1.10}$$

其中，$g(n)$ 是局部梯度向量，表达式是：

$$g(n) = \frac{\partial \xi_{av}(w)}{\partial w} \tag{1.11}$$

$H(n)$ 是局部 Hessian 矩阵，定义为：

$$g(n) = \frac{\partial^2 \xi_{av}(w)}{\partial^2 w} \tag{1.12}$$

在 MLP 的 BP 训练中，最速下降的方向是在点 $w(n)$ 邻域内，优化计算是基于代价函数的线性逼近，此时梯度向量 $g(n)$ 是关于误差曲面局部信息的唯一来源。因此，BP 训练的优点是实现简单，但是它的缺点是收敛速度缓慢，特别是对于大规模网络而言（如遥感影像模式，或者信息更为

复杂和丰富的高分辨率遥感影像特征），计算更为复杂。现在的 BP 训练一般都会在权值更新时加入动量项，目的是使优化过程能够考虑到误差曲面的二阶信息，但是动量项的加入实际上增加了参数的个数，使得训练和网络管理需要更多的时间。

事实上，更精确更有效率的 MLP 训练必须使用训练过程的高阶信息，而 BP 训练中只考虑到误差曲面的一阶线性性质。在 BP 学习中，神经元权值向量 $w(n)$ 的调整值为：

$$\Delta w(n) = -\eta g(n) \tag{1.13}$$

η 为学习率。同理，若考虑高阶信息，则 $w(n)$ 的调整量的最优值可以表示为：

$$\Delta w(n) = H^{-1}(n)g(n) \tag{1.14}$$

其中，$H^{-1}(n)$ 是 Hessian 矩阵 $H(n)$ 的逆。

针对上式的优化求解和 MLP 的学习问题，派生出了 Newton 方法和拟 Newton 方法。Newton 方法的核心就是，代价函数 $\xi_{av}(w)$ 是二次的，一次迭代收敛至最优值。但是 Newton 方法需要计算 Hessian 矩阵的逆 $H^{-1}(n)$，这需要很大的计算代价，而且并不能保证 MLP 的训练误差曲面的 Hessian 矩阵总是满秩的。在某些情况下，比如病态网络训练中，Hessian 矩阵是秩亏的，这会进一步增加计算的困难和时间。拟 Newton 法可以克服以上问题，该方法不直接求取 $H(n)$ 的逆，而是计算其保持正定的估计量。但拟 Newton 法的计算复杂度为 $O(w^2)$，w 为权值向量的大小，因此该方法只能针对小型神经网络的训练。

针对这些问题，人们提出共轭梯度法解决 MLP 的优化和训练，它是另一种类型的二阶优化算法。它的基本思想是：加速梯度下降法的缓慢收敛速度，同时避免 Newton 方法中对 Hessian 矩阵的估计、存储和求逆。共轭梯度法被广泛地认为是可用于大规模网络的唯一求解方法。

（2）概率神经网络（Probability Neural Network，PNN）

PNN 是 D. F. Specht 1989 年提出的，它是在 RBF 网络的基础上，parzen 非参数概率密度函数估计和贝叶斯分类规则的神经网络实施方案。

它可视为一种径向基神经网络，结构简单，能用线性学习算法实现非线性学习算法，应用广泛。它的基本原理如下：

对于一个输入模式 x，贝叶斯分类策略的原则是使期望风险最小化，贝叶斯分类器采用的是最大后验概率的决策方式：

$$C(x) = \mathrm{argmax} P(x \mid c_i) P(c_i) \quad i = 1, 2, \cdots, K \quad (1.15)$$

其中，$C(x)$ 是输入向量 x 所属的类别，$P(c_i)$ 是类别 c_i 的先验概率，$P(x \mid c_i)$ 是其条件概率。$P(c_i)$ 通常假定为各类地物的平均分布，所以贝叶斯分类器的关键问题就是从训练数据集中提取各类条件概率。在高斯分布假设下，类别 c_i 的条件概率 $P(x \mid c_i)$ 的估计式为：

$$p(y \mid c_i) = \frac{1}{N_i (2\pi)^{d/2} \sigma^d} \sum_{j=1}^{N_i} \exp\left[-\frac{(y - x_i^{(j)})^T (y - x_i^{(j)})}{2\sigma^2} \right] \quad (1.16)$$

其中，y 代表输入特征向量（维数为 d），N_i 是属于类别 C_i 的训练样本的个数，$x_i^{(j)}$ 是类别样本 c_i 的第 j 个样本。

PNN 由三个前馈网络层构成：输入层（Input Layer）、模式层（Pattern Layer）和决策层（Summation Layer）。输入层接收待识别的输入向量，并提供给模式层。模式层由 K 个神经元 Pools 组成，每个 Pool 存放每个类别的训练样本，第 i（$i = 1, 2, \cdots, K$）个 Pool 有 N_i 个模式神经元。对于每个输入层的向量 y，每个模式层对它的响应值为：

$$f(y, w_i^{(j)}, \sigma) = \frac{1}{N_i (2\pi)^{d/2} \sigma^d} \sum_{j=1}^{N_i} \exp\left[-\frac{(y - w_i^{(j)})^T (y - w_i^{(j)})}{2\sigma^2} \right]$$

$$(1.17)$$

$w_i^{(j)}$ 是第 i 个 Pool 的神经元 j 的权向量，非线性函数 $f(\cdot)$ 代表神经元的激活函数。对于每个输入向量 y，经过模式层的激活函数运算，在决策层得到 K 个概率值：$O_1, O_2, \cdots, O_K$，其中 O_i 为第 i 个 Pool 所有神经元激活函数值的总和：

$$O_i = \sum_j f(y, w_i^{(j)}, \sigma) \quad (1.18)$$

向量 y 少的类别属性通过简单的比较获得：$O_K > O_i, i! = k, i, k$ 属于 $[1, K]$ 可以推导出 y 属于 c_k。

PNN 的训练非常简单，对于类别 c_i 的训练样本 x，其训练过程就是在第 i 个 Pool 加入一个等于 x 的权值向量。它的这种 One – Pass 训练方式的缺点就在于：一旦训练样本过多，会造成模式层的存储、计算量增大，且神经网络的测试仿真过程也需要大量时间。

（3）支持向量机（Support Vector Machines，SVM）

支持向量机（Support Vector Machines，SVM）是一种基于统计学习理论的机器学习算法，采用结构风险最小化（Structural Risk Mnimization，SRM）原理，在最小化样本误差的同时缩小模型的泛化误差，从而提高模型的泛化能力。不同于传统机器学习算法通常采用经验风险最小化（Empirical Risk Mnimization，以下简称 ERM）准则，SVM 采用统计学习理论的一种新策略：将函数集构造为一个函数子集序列，使各个子集按照 VC 维的大小排列；在每个子集中寻找较小经验风险，在子集间考虑经验风险和置信范围，取得最小实际风险，这种思想称作结构风险最小化。SVM 对特征空间的维数并不敏感，因此它被认为是对 Hughes 效应具备鲁棒性的分类器。

基本的支持向量机是一个两类分类器。然而在实际应用中，我们经常要处理涉及 $k > 2$ 个类别的问题。于是，将多个两类 SVM 组合构造多类分类器的方法被提出来。一种常用的方法是构建 k 个独立的 SVM，其中第 k 个模型 $y_k(x)$ 在训练时，使用来自类别 C_k 的数据作为正例，使用来自剩余的 $k-1$ 个类别的数据作为负例。这被称为"1 对剩余"（One – Versus – The – Rest）方法。但是，使用独立的分类器进行决策会产生不相容的结果，其中一个输入会同时被分配到多个类别中。"1 对剩余"方法的另一个问题是训练集合不平衡，例如：如果我们有 10 个类别，每个类别的训练数据点的数量相同，那么用于训练各个独立分类器的训练数据由 90% 的负例和仅仅 10% 的正例组成，从而原始问题的对称性就消失了。另一种方法是所有可能的类别对之间训练 $k(k+1)/2$ 个不同的二分类 SVM，然后将测试数据点分到具有最高"投票数"的类别中。

（4）关系向量机（Relevance Vector Machine，RVM）

关系向量机（Relevance Vector Machine，RVM）是一个用于回归问题

和分类问题的贝叶斯稀疏核方法，它具有许多 SVM 的特征，同时避免了 SVM 的主要局限性。此外，它通常会产生更加稀疏的模型，从而使得在测试集上的速度更快，同时保留了可比的泛化误差。它的出现是针对 SVM 的以下缺点：①SVM 只能输出一个类别标号的预期值，不支持概率输出，因此不能提供分类过程的不确定性信息；②尽管 SVM 在一定程度上也是稀疏的，但所使用的核函数的数量（核函数的数量即为支持向量的个数）仍然会随着训练样本的增加而显著增加；③核函数必须满足 Mercer 条件；④SVM的具体实施，需要预先确定惩罚系数和核参数，通常采用的交叉验证（Cross Validation）方式会显著增加计算时间。

基于以上背景，Tipping 提出一种关系向量机 RVM，对每一个权向量都赋予一个先验值，然后用迭代的方式，通过贝叶斯学习来更新权值向量。与支持向量不同的是，对于 RVM，非零权值所对应的关系向量（RVs，Relevance Vectors）并不分布在决策边界的周围，而是作为各类样本的典型代表模式。

相对于 SVM，RVM 的最大特点在于其稀疏性：可以用非常少的核函数实现和 SVM 相同的分类和泛化能力。RVM 的代价函数是用数据点的概率分布来表示的，通过贝叶斯学习来估计其参数，因此能够直接输出每个模式的后验概率。由于 RVM 大量减少了核函数的数量，所以它的稀疏性质更适合于小样本的学习，同时减少学习的复杂度。另外，RVM 只需要设置权向量的初始值，不含 SVM 中的惩罚系数、核参数等，因此它的应用非常直接和方便。

第二节 本书研究背景及意义

一、背景

遥感是指利用现代技术和先进工具，在远距离不与目标接触的情况下，直接接收目标物体的电磁频谱信息，并通过传输、存储和处理对信息进行分析和解释的新兴综合性科学技术。遥感技术的应用原理：同一光谱中的不同物体颜色不同，同一物体在不同的位置和时间可以接收到不同角度的光照，在不同的光照下，物体吸收的热量不同，这种差异在光谱中被放大，通过光谱反射的差异来判断物体的位置、形状和性质。遥感技术能够免于自然条件约束快速有效地获取大规模的地面信息，对于地质找矿和测绘成图工作效果显著。遥感地质应用主要基于地表蚀变矿物或者主要造岩矿物反射回天空的电磁波携带的光谱信息，结合数字影像处理技术及现有地质资料解译影像，进行矿产资源勘查、岩性识别甚至探测深部地下矿产资源。

目前，应用在矿产资源勘查和岩性填图最为广泛的遥感数据是 Landsat 数据和 ASTER 数据。第一个应用于地质测绘的光学卫星数据是由 Landsat1 多光谱扫描仪（MSS）获得的。Landsat1 的宽频带和受限的波长虽然不能准确确定沉积地质单元，却可以分离和绘制不同的填图单元。多项研究表明 Landsat1 的地质应用是可靠的，可有效区分岩性单元和断层，进而有效勘探地下水资源、定位矿床等。Landsat4 的一系列陆地卫星专题制图仪（TM）具有 30m 的空间分辨率、能重复对全球范围进行扫描。TM 有 8 个光谱带：4 个在可见光 – 近红外（VNIR）中（如 MSS），3 个在短波红外（SWIR）中，1 个在热红外（TIR）中。一些实际应用，如斑岩铜、铀和石油的勘探，火山岩识别及硫化铜矿床相关的热液蚀变带的定位，蛇绿岩岩性边界的确定，块状硫化物矿床（需要所有 TM 光谱带来区分两种类型的熔岩流）的定位，铀、金、铜和其他金属矿床的矿产勘探，证明了 SWIR 区域的数据可探测热液蚀变矿物。Landsat 5 TM 影像突出显示的颜色类别与露头中的热液蚀变带之间存在近乎完美的空间相关性，可探测植被覆盖区域遥感地质信息，如热带雨林地区与热液变化相关的地球植物异常。2000 年之前，Landsat 是遥感地质应用中提供地表组成信息的首选仪器，但是 Landsat 的 SWIR 波段将 2 – 2.5μm 波长区域的所有诊断吸收特征合并为一个单一波段，不提供矿物组分的信息，如黏土、碳酸盐和硫酸盐只能作为一个单一的组被检测出来；同时，它的热红外（TIR）波段没有提供硅酸盐组成成分的信息（如火成岩、沉积岩中的石英含量）。随着先进的星载热辐射和反射辐射计（ASTER）于 1999 年的发射升空，这些问题得以解决。ASTER 具有高空间分辨率及足够的波段信息（SWIR 中有 6 个波段，TIR 中有 5 个波段），只需最简单的技术（如频带比）或更复杂的分析（如机器学习）就能实现更精细的矿物提取。强大的影像获取能力促进了 ASTER 在全球勘探和绘图领域的应用，大量的地质填图报告和矿产勘探应用证明了 ASTER 数据在地质应用中的独特能力。

利用遥感技术进行目标矿物识别和岩性填图的主要方法有两类。一类是根据目标矿物的光谱特征，选择合适的波段，对预处理之后的遥感影像进行频带比值运算、主成分分析、滤波等影像处理，再进行假彩色合成生成蚀变信息分布图或者特定岩性填图结果。另一类方法是基于典型矿物光谱特征或者岩石纹理特征，采用机器学习算法智能化地进行目标矿物搜索或岩性识别，浅层机器学习算法，如支持向量机（SVM）、随机森林（RF）均能处理高维数据，分类结果稳定；深度学习法，如深度神经网络，能够获取到矿物的多样特点，如矿物的形态、颜色、突起等信息，提取有意义的特征完成矿物的智能识别。上述两类方法均从像素层进行光谱解译，从结构层进行纹理分析，无法提取出影像更高层次的语义信息、规则知识等。随着遥感影像获取技术的快速发展，遥感影像地质信息的提取迫切需要从基于像素的信息提取向基于特征的信息提取转变。

二、意义

1. 科学意义

基于像素的遥感影像分析方法不能满足遥感提取的要求，成为大规模遥感地质应用的瓶颈。探索岩石裸露区或植被覆盖区区域特征及深层特征提取理论，充分利用遥感影像中丰富的地物特征，结合机器学习算法将遥感数据进行定量化、智能化处理，完成精确的目标识别具有重要意义。遥感光谱显示的色调上的差异标志着矿层经过蚀变或矿化后其物理化学的变化，这种变化体现为不同尺度的光谱特征，探索多波段遥感影像多尺度特征的提取方法对于解译与成矿有关的岩石、地层、构造、围岩蚀变带等地质体有着重要科学意义。

2. 社会意义

遥感影像空间分辨率的提高使得影像中地物的光谱特征、几何结构、纹理等空间结构信息都很突出，通过遥感影像提取更精确的矿物及岩性细节信息对于绘制岩性分布图、标识蚀变矿物区域、分析矿产资源的分布规律，进而结合地球物理勘探成果综合圈定研究区找矿远景，保证勘探成果的科学合理性，有着重要的社会经济意义。

第三节　国内外研究现状

一、遥感矿化蚀变信息提取方法

矿化蚀变信息是成矿流体移动留下的地质记录，矿化蚀变信息的提取对于找矿靶区圈定具有重要意义。遥感矿化蚀变信息提取是遥感地质应用的一个重要方向，能以便捷的方式提高矿产资源勘查效率。利用遥感技术进行矿化蚀变信息提取已得到了广泛应用。很多蚀变信息提取方法得到了快速发展，如波段比值法、主成分分析（PCA）、光谱角（SAM）、混合像元分解、神经网络等。

1. 基于波段比值和主成分分析的蚀变信息提取

波段比值法是根据矿物光谱特征，选择光谱特征差异较大的波段进行比值运算，增强蚀变信息，再确定阈值进行分割提取出目标矿物信息。波段比值法能有效增强蚀变带信息，但是当矿化蚀变信息较弱时，比值结果会出现很多伪信息，提取效果不佳。PCA 是利用数学变换降低数据维度，去除各波段的相关性，突出目标矿物信息，然后对主分量影像进行阈值分割确定矿物分布区域。Crosta 等将 PCA 应用于巴塔哥尼亚超热液矿床的数据，该方法被后来的许多用户采用，被称为"Crosta"方法，该方法还能在一定程度上解决植被覆盖区蚀变信息提取的问题。杨斌等利用 PCA 及波段比值法提取了塔什库尔干地区的矿化蚀变信息。在印度的一个高植被覆盖的地区，Mahanta 和 Maiti 使用 ASTER 数据进行比值运算和 PCA 绘制蚀变组合：富铁帽、绢云母化、铁锈化和绿泥石化，同时确定了两个潜在的矿物前景，一个是热液多金属硫化物，另一个是次生铁和锰矿化。Abdelkareem 和 El Baz 在埃及境内使用波段比和 PCA 识别了绿泥石、高岭石、白云母和赤铁矿，预测了黄金和块状硫化物矿化的重要前景。Rockwell 等利用 ASTER 热红外波段的数据，进行主成分分析识别了美国内华达州的石英和碳酸盐矿物。

波段比值法和主成分分析法常被用来与其他方法相结合提取蚀变信息，Moore 等结合主成分分析法和匹配滤波器处理，根据已知矿床的训练集识别未知目标。Honarmand 等将主成分分析法和光谱角映射器结合来确定矿物存在于像素中的概率。Popov 使用波段比值法和光谱角映射器识别高植被区的蚀变矿物，发现了带尾矿信息的沉积物，确定了其他几个可能的未知矿点。

2. 结合数字影像处理技术的蚀变信息提取

一些数字影像处理技术也被结合到遥感影像找矿应用中。Hosseinjani 使用亚像素分解来确定每个像素内不同矿物的相对比例，该技术依赖于数据中提取的端元光谱特征。Abbaszadeh 等在伊朗 Rabor 地区使用光谱特征拟合方法来增强热液蚀变，该方法使用最小二乘法将影像光谱与参考光谱进行比较。在伊朗的 Dehaj – Sarduiyeh 铜矿带，Zadeh 等使用混合调谐匹配过滤方法来绘制蚀变图，该方法估计每个参考光谱的相对匹配度及亚像素丰度。Liu 等在中国加甫沙尔苏地区采用主成分分析法和假彩色合成绘制了与花岗岩侵入体的钼矿化有关的蚀变信息图。高级分类算法也被应用于蚀变信息提取中。阎继宁等利用 SVM 算法对 SAM 的提取结果进行二次分类，利用网格搜索法进行参数寻优提取蚀变信息。吴一全等通过波段比值法增强蚀变带信息，对比值影像进行主成分分析，提取训练样本，构造最优 SVM 模型，较好地提取了矿化蚀变信息。Bhadra 等使用标准影像分类方法绘制了印度拉贾斯坦邦中部矿产潜力图。Tayebi 等应用了更加复杂的影像处理方法提取蚀变信息，该方法将编码的光谱比率影像与 SOM 神经网络模型相结合，提取效果良好，但是该方法移植到其他领域难度较大。

3. 基于多源遥感数据的蚀变信息提取

现有的蚀变信息提取方法适用于各类遥感数据，但是单个遥感数据受到扫描宽度的限制，不能精确地定位矿化蚀变信息带，于是多源数据为地质学家所青睐，如 ASTER、Hyperion、Landsat 系列和 ALI 数据等可结合绘制蚀变信息图。Hyperion 的高光谱数据较 ASTER 和 ALI 提供了更多的矿物学信息。Bedini 使用飞机 HyMap 数据和 ASTER 数据来检测格陵兰岛的蚀变矿物（HyMap 在 $0.4 - 2.45 \mu m$ 区域有 128 个谱带，空间分辨率为 5m）。ALI 具有和 Landsat 相似宽的光谱带，与 ASTER 数据结合使用时冗余数据很少，Honarmand 等使用 ASTER 和 ALI 数据绘制了伊朗的 Kerman 岩浆带蚀变图。由于 Hyperion 可以提取更深层次的矿物分离信息，Pour 和 Hashim 使用 ASTER、ALI 和 Hyperion 数据绘制了岩性和蚀变图。Ramos 等在安第斯山脉使用 Hyperion 数据补充了 ASTER 蚀变矿物填图结果。有些研究利用航磁地球物理数据来补充 ASTER 数据中的矿物学信息进行矿产勘探。其中，地球物理数据增加了光学遥感数据无法获得的岩性特征，甚至可以区分风化层下的岩性单元。另一些研究使用 ASTER SWIR 数据，对已知的金属矿床进行表面地球化学分析和伽马射线光谱分析，将地球化学和遥感光谱信息结合解释蚀变特征。还有一些研究报道了天宫一号空间站中国高光谱扫描仪能检测到白云母、高岭石、绿泥石、绿帘石、方解石和白云石，可弥补 ASTER 数据的不足。Hu 等将 ASTER 数据、Sentinel - 2A 多光谱数据和 Hyperion 数据相结合，发现了与 5 个斑岩铜矿床相对应的热液蚀变岩，推断出 3 个新的找矿前景。

二、遥感岩性填图方法

不同的遥感数据和方法被广泛应用于岩性填图中。遥感岩性填图主要依据岩石的光谱特征和空间特征。光谱特征包括造岩矿物的主要成分、岩石的次要成分及热液蚀变矿物的光谱特征。主要造岩矿物为长石、石英、方解石、辉石等，它们的主要成分为 Si、Al、Fe、Mg 等，特征性光谱在中红外波段；岩石的次要成分（如铁的各种形式）特征性光谱在 VNIR 波段；热液蚀变矿物特征光谱在 SWIR 波段。岩石是多种矿物的混合，体现出来的光谱特征是各种矿物光谱的线性组合，组合的结果标志着矿物含量的大小分布，可以此来区分岩性。另外，矿物的光谱特征还受制于矿物的结晶程度，吸收强度和结晶程度成正比。

岩石的空间特征（纹理、几何关系、形态、颜色、亮度等）也可以宏观鉴定岩性。岩浆岩岩体在遥感影像上表现为较为规则的几何形态，如椭圆状、圆形、脉状与透镜状等，但是岩浆岩纹理特征不显著。侵入岩作为出露规模最大的岩性，在遥感影像上体现为环状、放射状的水系、岩脉或者节理等。沉积岩在影像上的几何特征为条带状，纹理特征鲜明；沉积岩分布有序的区域在影像上表现为规则的层状结构。变质岩的影像特征由原岩组分及后生物质的组分和结构共同决定；正变质岩在影像上与岩浆岩特征相似，而副变质岩在影像上与沉积岩接近。

1. 基于光谱指数的岩性填图

遥感影像岩性填图的常用方法是在岩石出露区提取岩性的光谱，通过波段运算构造岩性或矿物提取指数，再通过影像增强手段使得遥感影像的颜色及色调达到最大差异，以此划分不同岩石类型。Yamaguchi 和 Naito 对 ASTER SWIR 波段进行正交变换、波段比值运算及阈值估计，设计了光谱指数用于岩性填图。Ninomiya 等用 ASTERTIR 波段创建了石英、碳酸盐和铁镁指数，并在中国西北部、澳大利亚中东部以及中国西藏南部的干旱地区进行测试填图，证明了这些矿物指数在温度和气候变化时的稳定性，之后这些指数常被用来进行遥感岩性填图。于亚凤等利用实测光谱建立了 RI 和 SI 两种光谱指数法，基于 ASTER 影像提取了二长花岗岩及石英正长岩。Ozyavas 在土耳其盐湖断层周围的研究区域基于 SWIR 波段的光谱差异指数及标准影像处理技术绘制了石膏和碳酸盐岩分布图。Askarietal 通过构造 VNIR 和 SWIR 波段的光谱指数，绘制了北伊朗含石英、碳酸盐、铝、铁、氢氧化镁的矿物图，以及与现有地质图匹配良好的沉积岩岩性图。Hook 等对 ASTER – TIR 数据进行了更进一步的定量分析,通过石英指数测试了二氧化硅的重量百分比来识别火成岩。Ozkan 等利用 ASTER 影像热红外谱带的光谱指数在区域尺度上明显区分了超镁铁质、硅质和碳酸盐岩;光谱指数图中显示出具有不同程度蛇纹石化的橄榄岩。

2. 基于空间特征的岩性填图

提取岩石的空间特征(多尺度纹理特征、几何特征、颜色特征等),通过影像处理手段(影像变换、影像增强等)可以绘制岩性分布图。张翠芬等采用波段叠加的方式协同多尺度纹理与 ASTER 光谱信息进行岩性分类。Masoumi 等整合 ASTER 数据的光谱、热和纹理特征,采用随机森林(RF)进行了岩性分类。金剑等基于高空间分辨率 World View – 2 数据特点和数据统计特征,筛选波段进行了影像纹理增强,提高了不同岩性对比度的同时削弱了光谱干扰,有效识别了岩性。Diaz 等针对岩石的纹理提出了三种基于变分的纹理描述子,用数值方法描述岩石纹理特征的局部结构模式,将纹理比较方法扩展到不同类型的岩石纹理分类中。结果表明,使用基于紧变差函数的特征在常见的纹理类之间具有很高的区分性。Sheikhrahimi 等利用特征性波段进行比值运算和主成分分析,圈定岩性单元和蚀变矿物;应用监督分类技术,即光谱角映射器(SAM)和光谱信息发散度(SID)来检测与该地区地下金矿位置相关的指示蚀变矿物之间的细微差异;用方向滤波技术追踪不同的线性构造,最终与野外调查和化探研究相结合,提供了寻找金矿的有效手段。

3. 结合数字影像处理技术的岩性填图

近年来,基于数字影像处理技术发展了一系列的遥感影像岩性填图技术,如假彩色合成法、光谱角制图法、匹配滤波法、监督或非监督分类法、神经网络等。根据不同的遥感影像及岩性特征,各种技术被组合使用,其中,监督分类法和智能学习法的效果被认为是最好的。

张瑞丝等利用波段比值、假彩色合成识别了 ASTER 影像中的高级变质岩、花岗岩及碳酸盐岩类,完成了岩性填图。Zhou 等基于 ASTER 影像利用波段比值分离碳酸盐岩与其他岩石,在非碳酸盐岩地区,用监督分类法对页岩、大理岩、砂岩、花岗岩和玄武岩 5 种岩石进行了分类。郑硕等基于 ASTER 影像，利用波段比值 13/12、4/6、（12×12）／（11×13）假彩色合成技术识别了碱长花岗岩、花岗岩、花岗闪长岩与二长花岗岩 4 种花岗岩类。Yajima 和 Yamaguchi 使用红外数据进行假彩色合成，从各种富含石英的长英质岩石（如花岗岩和冲积层）中分离出了火山－超火山岩（如辉长岩、粗玄岩和纯橄榄岩）。Rowan 和 Mars 使用 ASTER 数据对加利福尼亚山口稀土矿床进行岩性填图，利用 ASTER 14 波段的数据来弥补 landsat TM 缺乏的 SWIR 和 TIR 光谱带，结合匹配滤波和光谱角制图法，识别了方解石和白云石，绘制了接触变质岩带中的矽卡岩矿床和大理岩，区分了花岗岩和片麻岩中的铁白云母和铝白云母及石英岩，同样的方法被应用在喜马拉雅山穹隆中的花岗岩和片麻岩岩性填图中。Gomez 等在干旱的纳米比亚用 ASTER 的 VNIR 和 SWIR 波段，首先将数据转换为反射率，然后用主成分分析法和监督分类法进行岩性分类，与 1∶25 万区域地质图比较，结果证明分类的地质单元比地质图更加详细。柯元楚等提出基于 Hyperion 高光谱数据的光谱及光谱一阶导数特征进行随机森林岩性分类的方法。Li 采用迁移学习方法对砂岩显微影像进行训练，对得到的砂岩显微影像分类模型进行岩性类别判定，精度较高。张野基于深度卷积神经网络模型，建立了岩石影像集分析的深度学习迁移模型，采用迁移学习方法准确识别了岩石岩性，识别过程智能化、自动化。由于岩石组分及后期变质过程引起的分类的不确定性，大部分研究致力于提高岩性识别的精度。各种方法针对不同的岩性进行了提取，但是没有一种通用方法能够精确地智能化地识别大部分的岩性。

4. 不同遥感数据的岩性填图

在岩石裸露区 ASTER 影像的填图效果最好，ASTER 的 14 个谱带可结合使用进行岩性填图。Byrnes 等分析了 ASTER 的所有谱带，TIR 突出了二氧化硅层的变异，而 VNIR 和 SWIR 谱带描绘了浮岩形成表面风化产物时的相对年龄，由此绘制出夏威夷莫纳罗亚火山喷流图。Rowan 等结合澳大利亚 Mordor Pound 的 ASTER 数据和实测光谱，探测到长英质岩石光谱中主要的 Al – OH 和三价铁 VNIR – SWIR 吸收特征，以及火山岩 – 超火山岩光谱中的亚铁和 Fe、Mg – OH 特征，并绘制了超火山岩岩性图。Massironi 等在摩洛哥 Anti – Atlas 东部地区使用了 ASTER 的所有波段，通过简单影像处理技术，根据次生矿物区分二氧化硅含量相似的不同花岗岩类岩石，并使用 TIR 数据分离出二氧化硅含量不同的深成岩体。在埃及 Dahab 盆地，Omran 等利用 ASTER VNIR、SWIR 和 TIR 数据的比值，结合野外调查分离出寒武纪和白垩纪花岗岩类岩石，并据此修改了现有的地质图。ASTER 数据在分离暗色岩石方面特别有效。Huang 和 Zhang 结合 VNIR – SWIR、TIR 数据使用光谱匹配方法绘制了西藏雅鲁藏布江缝合带的蛇绿岩杂岩。

也有很多应用将其他遥感数据结合 ASTER 数据进行填图，以弥补 ASTER 数据波段的限制。Deller 和 Andrews 结合 Landsat、ASTER 和高级陆地成像仪（ALI）数据，根据铁和黏土矿物特点区分了厄立特里亚和阿拉伯的三种红土相，结果可用于评价地下水水质、农用地、建筑资源和潜在矿化点。Qarietal 在沙特阿拉伯使用 Landsat 数据识别地层，同时用 ASTER 进行基岩岩性填图，生成了 1∶10 万的地质图，并经过野外勘查验证。Pournamdari 等利用能带比和 PCA 来分离火山岩和超火山岩，并在伊朗进行了蛇绿岩杂岩的岩性填图，也有其他研究人员同时利用 ASTER 和 Landsat 数据采用相同的技术进行了沉积岩岩性填图。Lamri 等结合航磁、伽马能谱数据和 ASTER 数据绘制了撒哈拉以南非洲一个难以进入的地区的地质图。Ali Biketal 利用 ASTER、Landsat 和 Sentinel – 2 的数据绘制了埃及 Gebel Zabarra 地区片麻岩杂岩、低品位蛇绿岩和岛弧组合；使用 ASTER 矿物指数、主成分分析和颜色合成图来绘制不同的岩石类型，并根据遥感结果提出该地区的变质和构造历史。通过结合 ASTER 和 SPOT5 数据，Lohreterat 绘制了科尔丹的气象数据，并发现从赤铁矿到石英的初始转化是一个重要的过程，使得遥感技术预测新的考古区域成为可能。Soltaninejad 等比较了 ASTER 数据和 Landsat 在伊朗 Sirjan Playa 的蒸发岩绘制结果，用实测光谱和端元光谱对这两组影像进行分类，两个数据集的分类准确率都在 92% 左右，同时证明了使用影像衍生光谱可以获得更好的分类精度。Yang 等结合

ASTER 数据和中国的高分 1 号数据绘制了中国天山山脉的岩性单元图，与单个数据绘制岩性图的结果相比更精确。

第四节 遥感影像找矿预测和填图面临的问题

相比于遥感影像的获取技术，遥感影像信息处理技术的发展相对滞后。随着空间分辨率的提高，影像中的目标清晰可辨、细节丰富，目标之间的边界清晰，影像中的一个像素能清楚地反映地质体的局部细节信息，不再是多种地物信息的混合；同时，采用滤波技术提取构造信息，采用波段比值法和主成分分析法提取蚀变信息的地质信息解译方法能有效进行找矿靶区的单侧圈定。然而，由于地质地层的复杂性、矿产资源分布的分散性，利用遥感影像进行精确的找矿预测和填图依然面临很多技术难题。

（1）由于遥感影像获取过程中受到气候、光照等因素的影响，会有很多噪声，基于计算机像素的匹配滤波、波段比值、主成分分析法提取的地质信息会出现"椒盐"现象，也不能充分利用矿物的丛集特征，不利于遥感数据的进一步应用。

（2）对于植被覆盖较多、地质情况复杂、气候变化较快、矿物线索微弱的地方，如果采用掩膜去除地表植物覆盖、水体、阴影、云雪等干扰信息再进行影像处理，会导致很多原始信息的丢失，影响矿化蚀变信息提取或者填图的完整性和精确度。

（3）常用的遥感找矿模式是寻找均匀的和大尺度的线状、环状、块状等异常分布，分析这些异常形态可确定与矿物异常有关的地质控制因素，但是相关方法无法在小尺度上提取矿物异常的局部变化性和空间结构信息。基于单一尺度的分析方法不能很好地描述矿物的富集和贫化规律。

（4）遥感岩性填图是根据主要造岩矿物的光谱特征，分析岩石的矿物组分，对岩石进行宏观鉴定，但是后期的热液蚀变和变质作用会产生次生矿物，次生矿物的光谱叠加到原始岩性上，会导致岩性解译偏差。根据能反映相异岩性的抗物理及化学风化能力差别的地貌纹理等特征可间接识别岩性，但是纹理提取干扰因素众多，具有不确定性。

上述困难导致遥感蚀变矿物提取和岩性填图的应用效果受限。对于遥感地质应用中出现光谱信息叠加、干扰因素众多、提取方法尺度单一、高层语义信息提取困难等问题，如何利用影像处理技术、遥感影像表现出来地球化学和地球物理场的局部空间结构变化性、地质体的多尺度光谱信息、深度特征提取理论及机器学习理论等充分挖掘遥感数据的颜色、形状、纹理等影像形态，发挥数学和统计学的优势，综合确定找矿靶区和填图，是遥感地质应用要解决的重要问题。

第五节　本书的研究内容

本书围绕遥感影像找矿预测及填图中面临的问题，以多尺度分析方法、面向对象提取技术、机器学习和深度特征分解为主线，研究了基于 ASTER 影像和 Land 7 ETM + 影像的蚀变矿物提取、岩性分类及填图等问题。针对现有的遥感找矿预测和填图方法的不足，提出了解决方案。本书的研究内容和主要贡献如下：

（1）本书阐述了遥感影像矿物提取及岩性识别的基本原理，分析了现有方法对地学非线性空间信息表达的优缺点。研究了三个研究区的沉积岩、火山岩、侵入岩和变质岩等地质体及构造变形特征，查明不同时代、不同类型地质体的物质组成、空间展布、相互接触关系及其产出构造背景等，探讨其构造发展演化历史，分析研究区成矿地质背景和成矿条件，总结成矿规律；在此基础上，提出了多尺度特征分析、机器学习相结合及基于多尺度深度特征分解的蚀变矿物提取方法并进行了研究区找矿预测，提出了结合多尺度岩性分类和矿物提取交叉验证的填图方法并完成了填图工作。

（2）针对像素级特征提取遥感影像的蚀变矿物会出现"椒盐"现象的问题，提出了结合主成分分析、多尺度分割和支持向量机的遥感矿化蚀变信息提取方法。具体地，该方法充分利用矿物分布的丛集特征，选取

ASTER 影像各矿化蚀变信息的诊断性波段进行主成分分析；利用多重分形理论描述矿物的奇异性和自相似性，并设计多尺度分割策略，确定分割参数，评价分割性能；利用局部特征过滤掉大部分不相关的数据，运用支持向量机向量逼近的方法对目标矿物类别进行定位；采用序列最小优化算法提高求解效率。实验对比结果表明，该方法提取的矿化蚀变信息与成矿区带、已知矿点和已有不同地质背景成矿特征相关性较好。

（3）在研究遥感影像多分辨率特征的提取过程中，发现采用小波包分解和重构可以提取矿物及岩性的局部空间结构信息，并有效抑制噪声。在此基础上，本书提出了结合小波包变换和随机森林的蚀变信息提取方法。该方法在蚀变矿物特征向量主成分分析的基础上，采用小波包变换提取影像的时频局部化及多尺度细节特征，利用代价函数优化小波包树，得到蚀变矿物高低频信息的最优表示，经过干扰特征机制筛选重要特征，并利用RF 完成投票分类。实验结果表明，该方法提取铁染、Al – OH 及 Mg – OH 基团蚀变信息时能充分利用矿物光谱的能量特征，削弱矿物组分的噪声干扰。

（4）针对遥感影像高植被覆盖、干扰信息种类众多、岩性复杂地区的蚀变信息提取问题，提出了基于多尺度卷积神经网络特征分解的矿床定位方法。该方法在分析金属矿床的有机质特征的基础上，充分利用影像所显示的颜色、形状、纹理等影像形态，构建多尺度卷积神经网络，研究深层语义信息分类空间的构造、深度特征提取方法、网络微调方法等；采用模糊数学理论、元素相乘算法求交、逻辑叠加分析法提取影像的控矿因素；结合物化探等多源资料，构造遥感地质找矿模型。实验结果表明，该方法为地勘工作中的外围勘查和矿床定位提供了可靠的依据。

（5）提出了比值运算、多尺度分割、随机森林相结合的变质矿物提取方法。核心思想为：利用地统计学中的变差函数描述矿物的全局和局部空间结构变化性，采用矢量叠加的方法组合多尺度纹理特征与光谱特征，利用随机森林完成矿物分布带的搜索。其中，设计了随机森林树的构建策略、分类特征的筛选机制及决策树数量的选择方法。实验表明，该方法能很好地描述地球化学元素分布的随机性及其在岩石等介质中的局部富集和贫化规律，提取结果稳定。

（6）为了实现遥感影像填图的定量化和智能化，提出了遥感影像岩性自动分类和主要及典型造岩矿物识别交叉验证的填图方法。核心思想为：利用影像光谱特征及小波变换得到的多尺度纹理特征构造分类特征空间，进行 10 次高维且非正态分布的岩性分类，利用投票法避免岩性因样本的空间变异性产生的动态变化，优化岩性单元分类结果；采用可避免局部最优的蜂群算法搜索支持向量机的参数；构造主要及典型造岩矿物，如白云母、黑云母、方解石、角闪石等的提取指数，并经过 Otsu 和形态学性滤波去除边缘、毛刺和孤立点；最后将地质体分类结果和矿物提取结果叠加进行交叉验证完成填图。野外工作证明，该方法能智能化地识别影像的大部分岩性，填图结果与野外调查结果的相关系数为 0.7。

第六节 技术路线

本次研究工作技术路线（见图 1.2）包括两个方面：室内遥感数据处理与解译和野外路线勘查。

室内工作：（1）深入了解研究区地质背景、岩性特征、成矿历史，查询最新填图成果。（2）对已有的 ASTER、Landsat 7 ETM + 数据进行预处理，包括辐射校正、大气校正、几何矫正等；对影像边界进行去异常处理；掩膜运算去除影像少量云、积雪或植被覆盖干扰，初步解译遥感影像。（3）根据野外实测波谱和波谱库矿物波谱曲线分析研究区典型蚀变矿物及岩性的波谱特征，选择 ASTER 或者 Landsat 7 ETM + 影像蚀变信息提取或岩性识别的诊断性波段。（4）利用影像的诊断性波段进行波段比值运算或者主成分分析增强岩性或蚀变信息光谱特征。利用多尺度分析方法提取影像光谱、纹理、颜色及空间特征，并精细化处理提取的各类特征。其中，纹理特征包括 GLCM 纹理、小波纹理、变差函数纹理、分形纹理；颜色特征是金属和有机质显示的特殊颜色；空间特征包括邻接关系、重叠关系、包含关系等。根据机器学习理论（包括浅层学习，即 SVM 和 RF；深度学习，即深度卷积神经网络）自动进行岩性分类、蚀变信息提取或变质矿物信息提取，绘制岩性分类图或遥感异常图。

室外工作：（1）野外采集典型蚀变矿物和造岩矿物样本并进行波谱测试，利用最新成矿理论分析研究区蚀变类型及典型岩性特征。（2）对遥感解译结果进行野外异常检查，筛选有意义的异常进行典型矿床分析，建立找矿模型，确定找矿靶区。结合岩矿样本实验室薄片鉴定结果及遥感分类结果确定岩性填图单元。（3）开展地质调查，结合实测数据对找矿模型的精度及填图效果进行定量评价，并分析各类模型及方法的适用性及应用价值。

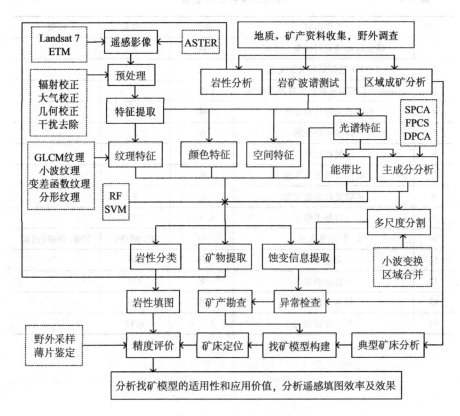

图 1.2　研究工作技术路线图

第七节 完成的主要工作量

采用室内和野外相结合的技术方法，室内主要进行数据处理及方法研究，包括岩性及矿物光谱特征分析、实测光谱的筛选、薄片鉴定、遥感影像处理方法研究、遥感岩性分类方法研究、遥感蚀变信息提取方法研究等工作；野外调查进行前期勘查确定岩性及成矿区域，及后期路线勘查、采样、实地验证等工作。室内遥感初步解译是野外工作的前提，而后期的野外勘查是室内工作的完善。研究期内完成的实物工作量见表 1.1。

表 1.1　　　　　完成的实物工作量表

序号	工作内容	单位	工作量	说明
1	研究区地质资料收集、整理	区	3	
2	ASTER 数据获取及预处理	景	2	
3	Landsat 7 ETM + 数据获取及预处理	景	1	
4	岩石光谱特征分析	种	16	
5	蚀变矿物分析	种	3	
6	变质矿物分析	种	6	
7	岩性分类方法实验	区	1	
8	矿物提取方法实验	区	3	
9	野外工作	人·月	2/5	
10	野外观察点	个	42/60/80	甘肃/内蒙/西藏
11	采集样品	件	246	
12	野外照片	张	270	
13	样品光谱测试	件	123	
14	技术方法研究	人·月	1/12	

第二章 结合 PCA、多尺度分割及 SVM 的蚀变信息提取

目前提取矿化蚀变信息的方法大部分是基于像素特征的，运行分类算法时容易出现"椒盐"现象，而多尺度分割可以保持地物对象的完整性，消除"椒盐"现象，充分利用影像区域特征。徐茹等基于分形思想构造了蚀变信息和尺度的关系模型，验证了蚀变信息的多尺度特征。鉴于研究者们的理论，将 PCA、多尺度分割（Multiscale segmentation）及 SVM 结合（以下简称 PCA – MS – SVM）提取 ASTER 数据的蚀变信息。利用 PCA 突出主要信息，使用多尺度分割有效利用区域纹理信息，采用 SVM 构造最优分类模型，以此提高 ASTER 数据蚀变信息提取的精度。

第一节 研究区概况

研究区位于阿其克库都克断裂以南，红柳河 – 牛圈子构造带以北，属于中天山地块东段（见图 2.1）。研究区内包括四个主要成矿区：最北部的铜、铁成矿靶区，中部的钒钛磁铁矿成矿远景区，西南部的沉积变质型铁成矿靶区，东南部的沉积型磷、锰成矿靶区。

北部的铜、铁成矿靶区内以下石炭统和南华系为主：下石炭统为一套海相火山 – 沉积岩系，出露多个火山机构，含大量中 – 基性玄武岩和少量大理岩。该带西部有著名的雅满苏铁矿床，中部有景峡铁矿；南华系变质碎屑岩中含大量绢云母。中部钒钛磁铁矿成矿远景区内蓟县系卡瓦布拉克群以大理岩为主，局部见矽卡岩化，褐铁矿化较普遍，该地区已发现铁矿化点 1 处。西南部的沉积变质型铁成矿靶区内的天湖岩群，为一套多期次

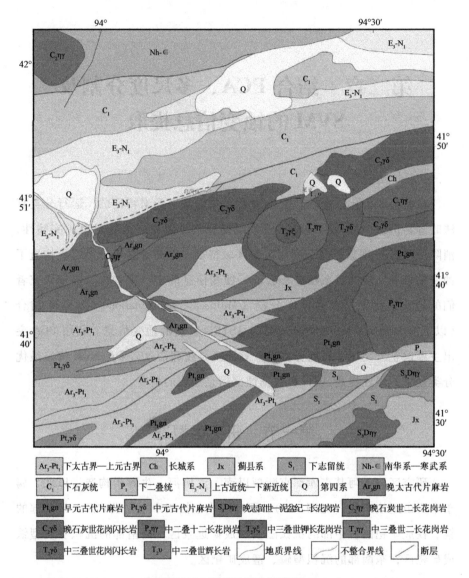

图 2.1 尾亚地区地质草图

变质变形的中深变质岩系，含少量大理岩，在西部邻区有沙垒东褐铁矿和沙垒西磁铁矿床。东南部的沉积型磷、锰成矿靶区是绿泥石化主要蚀变区，志留系和侵入岩接触带上有少量角岩化。

第二节　数据源

一、ASTER

ASTER 仪器由三个独立的扫描仪组成，分别位于 Terra 平台的不同位置，由不同的日本航空航天公司建造。ASTER 仪器的设计满足某些基线性能要求，与现有的光学传感器（如 Landsat TM、SPOT HRV 和 JERS OPS）相比，ASTER 的性能有了一些特殊改进：

（1）将 SWIR 波段的数量增加到 6 个，以改善地表的绘图能力；

（2）增加 TIR 波段的数量，以获得精确的表面温度和反射率值；

（3）提高辐射测量精度和分辨率；

（4）增加立体数据的基高比（b/h），从 0.3 增加到 0.6，以改进表面高程测定。

在与太阳同步的极地轨道附近，ASTER 获得了 60km 宽的影像，在 705°的轨道上绕地球运行，赤道穿越时间是 10：30，比 Land 7 晚几分钟。ASTER 仪器已经运行了近 20 年，几乎实现了全球范围的土地覆盖。

ASTER 三个近红外波段（VNIR）具有 15m 的空间分辨率，具有与 Land TM 波段 2、3 和 4 以及 JERS － 1 OPS 的光学传感器相似的带通。VNIR 波段可以获取过渡族金属元素的特征波谱，如铁和稀土元素；VNIR 波段 3 还具有沿轨立体覆盖，有最低点和后向望远镜。0.6 的基高比允许计算具有 30 个定位点的数字高程模型，并且垂直精度高达 15m。空间分辨率为 30m 的 SWIR 波段有 6 个，可获取含羟基和碳酸盐化蚀变矿物的特征光谱，主要用于地表土壤和矿物填图。其中，波段 4 类相似于位于 1.6μm 处的 TM 波段 5，波段 5 － 9 是窄的 SWIR 波段，取代了位于 2 － 2.5μm 区域的 TM 单一波段 7，以检测如黏土、碳酸盐和硫酸盐中的矿物的吸收特征。TIR 具有 90 m 空间分辨率共 5 个波段，可以鉴别岩石的主要成分，包括石英、长石和石榴石等矿物，与 TM 的单个 TIR 波段相比有两个主要改进：发射率值的推导可估算二氧化硅含量，这非常有利于检测地球表面最普遍的硅酸盐岩石；通过修正发射率，可以确定精确的地表动能温度，用于能量流模拟和气候模拟。因此，ASTER 数据因有更多的 SWIR 和 TIR 波段，相应的光谱分辨率更高，提供的矿物信息更加精细、明确和丰富，比 Landsat 数据具有更大的矿物和岩性绘图能力。ASTER 数据波段参数见表 2.1。

表 2.1   ASTER 数据波段参数

波段号	空间分辨率/m	波谱范围/μm	波段
1	15	0.52 − 0.60	绿
2	15	0.61 − 0.69	红
3	15	0.76 − 0.86	近红外（VNIR）
4	30	1.600 − 1.700	短波红外（SWIR）
5	30	2.145 − 2.185	
6	30	2.185 − 2.225	
7	30	2.235 − 2.285	
8	30	2.295 − 2.365	
9	30	2.360 − 2.430	
10	90	8.125 − 8.475	热红外（TIR）
11	90	8.475 − 8.825	
12	90	8.925 − 9.275	
13	90	10.25 − 10.95	
14	90	10.95 − 11.65	

二、影像校正原理

1. 辐射校正

辐射校正是指对由外界因素、数据获取及传输系统等产生的系统的、随机的辐射失真或畸变进行校正，以消除或纠正因辐射误差而引起影像畸变的过程。辐射校正的目的是为大气校正做准备，校正符合单位要求的辐射量数据、转换数据顺序等。在消除扫描偏移、记忆效应、一致噪声等因素，保证一个场景的增益和偏置恒定之后，从两个方面完成对所有探测器的辐射校正：一方面是指定一个参考探测器给某个波段，用内部定标数据、定标器或发射前数据进行绝对辐射校正；另一方面利用场景数据和直方图校正波段内其他探测器的增益和偏置。

2. 大气校正

大气校正的目的为去除大气及光照等因素对地物反射结果的影响。大气校正是反演地物真实反射率的过程，是为了获取地物反射率、辐射率或地表温度等客观物理模型参数，具体来讲，是为了得到地物真实反射率数据。遥感影像的 SWIR 波段数据采用 FLAASH 大气校正方法，TIR 波段数据则通过计算大气透射率与大气上行辐射将辐射率反演为地表辐射率后，采用发射率标准化技术分离辐射数据中的发射率与温度信息，利用 ENVI 提供的 Thermal Atm Correction 工具进行大气校正。同时，根据岩性提取需要将不同分辨率的数据重采样，并采用双线性方法进行数据融合。

3. 几何校正

几何变形表现为影像上的像元相对于地面目标的实际位置发生挤压、扭曲、拉伸和偏移等。几何校正就是校正成像过程中所造成的各种几何畸变，即按照地图投影系统的标准要求，将整体影像投影至平面。而将地图坐标系统赋予影像数据的过程称为地理参考或地理编码。由于地图投影系统都遵循于一定的地图坐标系，因此，几何校正过程都包含了地理参考过程。当使用原始光谱信息提取岩性或蚀变信息时，几何校正引起的像元灰度重采样会导致丢失部分光谱信息，故可根据实际应用需求选取一些几何校正的控制点，并保存控制点信息，具体可以高斯－克吕格平面直角坐标系、克拉索夫斯基椭球，经三次多项式校正法完成。

三、数据预处理

获得的 ASTER L1B 影像数据于 2005 年 10 月 7 日拍摄，无积雪、植被覆盖，基本无云层覆盖，成像质量较好，适合遥感蚀变信息提取。因 AS-TER L1B 数据产品中有数据字典、类属头文件、云量覆盖表、辅助数据和

3 个子系统的数据，子系统数据中包括各子系统的专门头文件、各个波段的影像数据，L1B 数据已经完成了辐射计反演和几何重采样，只需要进行大气校正、几何精度矫正及干扰去除即可。由于要提取的蚀变信息在 VNIR 和 SWIR 波段具有诊断性光谱特征，只对 ASTER 数据的 VNIR 和 SWIR 波段进行预处理：采用 FLAASH 模块进行大气校正；由于辐射半径标定后的量纲与 FLAASH 模块所需的量纲不同，需要将辐射亮度值的比例因子调整为 10；进行几何精校正时将 SWIR 波段 30m 分辨率重采样为 15m 分辨率；ASTER 数据的 VNIR 和 SWIR 波段的成像时间相差 1s，覆盖范围不完全一致，边框可能形成假异常现象，需去掉有误差的区域。

第三节　理论与方法

一、蚀变矿物光谱特征

电磁波理论表明，物质对固定波长的电磁波吸收或辐射现象由物质内部的状态变化引起。矿物的波谱是由矿物内部分子振动和电子跃迁产生的，其中，分子振动的波谱主要由水或者 OH^- 及 CO_3^{2-} 等阴离子，电子跃迁的波谱主要由 Fe^{2+} 和 Fe^{3+} 等阳离子跃迁产生。典型蚀变矿物主要有以下 3 类。

1. 含铁矿物

含铁蚀变矿物主要有角闪石、赤铁矿、褐铁矿、针铁矿、黄钾铁矾、磁铁矿等，其波谱特征取决于 Fe 离子的价态及矿物质的含水性及透明程度等。赤铁矿是该类矿物的代表，在 $0.54\mu m$、$0.66\mu m$ 和 $0.85\mu m$ 处吸收最为强烈，多出现在金属矿床氧化带、蚀变岩及富铁岩石的风化表面。Fe^{2+} 在 $0.85 - 0.94\mu m$、$0.45\mu m$ 和 $0.55\mu m$ 波长处有吸收谷。角闪石因含有大量 Fe^{2+}，在 $2.3\mu m$ 波长处有较强吸收谷。褐铁矿因含 Fe^{3+} 在 $0.76 - 0.90\mu m$ 波段体现为强吸收谱带。磁铁矿因其不透明性在可见光及近红外波段均无特征谱带。绿泥石含 Fe^{3+} 在 $0.7\mu m$ 和 $0.9\mu m$ 附近有较强吸收谱带，0.7μm 处最强。铁染蚀变波谱曲线与 ASTER 波段对应关系见图 2.2。

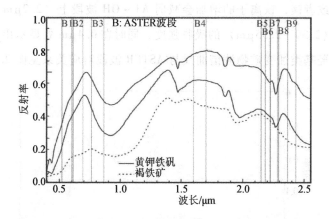

图 2.2　铁染蚀变矿物波谱曲线与 ASTER 波段对应关系

2. 羟基类蚀变矿物

与羟基有关的蚀变矿物有高岭石、白云母、绢云母、蒙脱石、绿泥石、明矾石等。A1 – OH 基团的特征谱带出现在 2.165 – 2.215μm，两侧次一级的吸收带与主要谱带构成"二元谱结构"，各蚀变矿物的吸收谱带分别为：高岭石在 2.165μm 和 2.205μm 处；白云母在 2.192 – 2.225μm 和 2.355μm 处；蒙脱石在 2.205μm 和 2.215μm 处；明矾石在 2.165μm 和 2.325μm 处；埃洛石在 2.165μm 和 2.205μm 处；伊利石在 2.215μm 和 2.355μm 处；叶腊石在 2.165μm 和 2.315μm 处；黄玉在 2.085μm、2.155μm 和 2.215μm 处。Mg – OH 基团的特征谱带集中于 2.30μm 附近，谱带的波长位置随矿物不同而异，各矿物的强吸收带分别位于：阳起石位于 0.23μm；黑云母位于 2.33μm；水镁石位于 2.315μm；叶蛇纹石位于 2.325μm；纤蛇纹石位于 2.325μm；裡皂石位于 2.305μm；裡蛇纹石位于 2.315 – 2.325μm；金云母位于 2.325μm；透闪石位于 2.315μm。含 Mg – OH 的矿物鉴别标志是 2.315 – 2.335μm 的强吸收谱带。光谱叠加会导致光谱异常，如高岭石的光谱中分别在 2.30μm 和 2.20μm 附近出现吸收峰双峰就是由于 A1 – OH 或 Mg – OH 的伸缩振动与其晶格振动或摆动振动的合频引起的，而蒙脱石和白云母的典型谱带也是由于光谱叠加仅出现在

2.30μm 附近。替代物的出现也会引起光谱异常，如在黏土矿物中，铁可能替代铅或者镁，铁离子的增加会减弱 A1 – OH 波段上（2.2μm）或者是 Mg – OH（2.30 – 2.35μm）的吸收强度，同时在 0.4μm 处显示出铁的谱强度。部分羟基类蚀变矿物波谱曲线与 ASTER 波段对应关系见图 2.3。

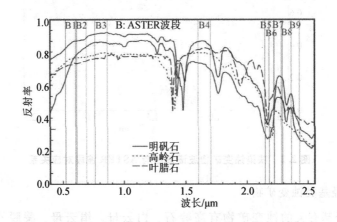

图 2.3　部分羟基类蚀变矿物波谱曲线与 ASTER 波段对应关系

3. 含碳酸根离子的蚀变矿物

在 SWIR 上 CO_3^{2-} 离子的谱带是其离子振动的合频所产生的，尤其在 2.35μm 附近较为清晰。碳酸盐类中常见矿物为方解石（$CaCO_3$）、菱镁矿（$MgCO_3$）、白云石（$C - Mg$）CO_3 和菱铁矿（$FeCO_3$），对应吸收谱带分别为 1.90μm、2.0μm、2.16μm、2.345μm 和 2.55μm（SWIR 波段范围），在 1.90μm、2.35μm 和 2.5μm 处的吸收谱带尤为显著。在 1.90μm 及 2.35μm 处由于水分子的作用，显示黏土的特征。碳酸盐的诊断波段在 1.40μm 和 2.35μm 两个吸收峰处。此外，在 1.1μm 附近由于 Fe^{2+} 电子跃迁产生一个强而宽的吸收谱带。部分含碳酸根离子蚀变矿物波谱曲线与 ASTER 波段对应关系见图 2.4。

二、PCA

遥感影像的多波段数据具有高度相关性，而主成分变换是寻找一个原点位于数据平均值的新坐标系，经坐标轴旋转使得数据方差最大化，最后

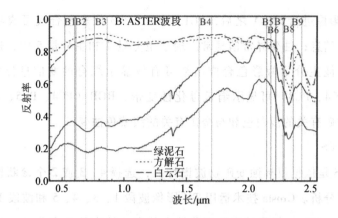

图 2.4 含 CO_3^{2-} 蚀变矿物波谱曲线与 ASTER 波段对应关系

将互不相关的波段作为输出，同时信息总量不变。PCA 之后各主分量的信息量与对应的特征值大小正相关，特征值大则主分量信息量大。选择目标信息主分量的方法：特征向量载荷因子为正时，该主分量与对应波段正相关，影像上表现为亮值区，否则相反；载荷因子绝对值大则该主分量与该波段相关性大，否则相反。

PCA 是遥感地质信息提取常用方法之一，对影像大气校正质量要求不高，易于实现，效果稳定且良好。PCA 法常分为标准主成分分析（Standard Principal Component Analysis，SPCA）、特征向量主成分分析（Feature Oriented Principal Components Selection，FPCS）、不同影像源的主成分分析等。

1. SPCA

SPCA 是对遥感影像所有波段做主成分分析，依据波谱特征和特征向量矩阵从多个主分量中选择目标信息含量较大的主分量，进行假彩色合成、密度分割、C-A 分形、主分量门限化等方法凸显目标信息。SPCA 生成的主分量较多，当多个主分量满足某一目标信息特征时，这些主分量载荷因子都为正时，做加法运算得到新的主分量；当载荷因子有正有负时，做减法运算，得到信息主分量；当某个主分量载荷因子绝对值较大时，直接选择该主分量。

TM 影像进行 SPCA 之后，PC1、PC2、PC3 假彩色合成可成功解译岩性、构造信息；蚀变异常信息常出现于主分量 4 和主分量 5 中，这两个主分量与其他主分量假彩色合成结果可有效显示综合蚀变信息异常，RGB（PC5、PC4、PC3）可显示绢云母化蚀变带，RGB（PC4、PC5、PC2）可显示与铁矿有关的浅白色和与金矿有关的淡紫色蚀变带。

2. FPCS

FPCS 是依据目标蚀变矿物波谱特征，选择 4、3 或 2 个诊断性波段完成主成分分析。Crosta 技术运用 TM 影像波段 1、3、4、5 和波段 1、4、5、7 分别进行 PCA，提取铁染及泥化蚀变信息，蚀变信息主分量常为 PC4 或 PC3，该技术被广泛使用。将铁染蚀变信息、泥化蚀变信息对应主分量及二者平均值影像进行假彩色合成，生成的 Crosta 图中红色色调区为铁染蚀变，绿色色调区为泥化蚀变区，白色色调区既有铁染又有泥化信息。Crosta 技术要对整幅影像完成计算提取水体、第四系、植被等强信息及蚀变信息等弱信息，为了减弱强信息对弱信息的干扰，可通过掩膜抑制干扰方法改进 Crosta 技术。

3 个波段 FPCS 可提取详细的蚀变信息，如 Al – OH、Mg – OH、碳酸盐类蚀变，一般选择吸收谷及两侧的反射峰所对应的波段进行主成分分析。ASTER 影像提取 Al – OH 可用 PCA（5、6、7），Fe – OH 可用 PCA（6、7、8），绿泥石、绿帘石等可用 PCA（7、8、9）。

2 个波段进行 PCA 可定向提取目标蚀变，选择影像目标矿物的一个反射峰和一个吸收谷进行线性变换得到 2 个主分量，PC1 为 2 个波段共有信息，PC2 包含蚀变信息且与 2 个波段不相关。TM 影像 PCA（3、1）、PCA（5、1）、PCA（5、4）可提取 Fe – OH 信息，PCA（5、7）可提取泥化信息。植被覆盖区的蚀变信息提取称为软落叶技术，是将波段比值和主成分分析结合，例如：TM 影像 PCA（5/7、4/3）之后 PC1 为植被覆盖信息，PC2 为泥化蚀变信息；对 TM 影像完成 PCA（3/1、4/3）、PCA（5/1、4/3）、PCA（5/4、4/3）可用来获取中、低植被覆盖地方的铁染蚀变信息。

3. 不同影像源的 PCA

ASTER 数据在 2.150 – 2.450μm 波段范围，能准确提取 Al – OH、Fe – OH、Mg – OH、碳酸盐化等蚀变信息，而 TM、ETM + 影像在此范围只能提取泥化信息。ASTER 在 VNIR 内仅有绿光（Band 1）和红光（Band 2），无蓝光波段，而蓝光波段铁染信息吸收最明显，可将 TM 影像中的蓝光波段（Band 1）与 ASTER 影像组合使用，PCA（TM1、TM3、ASTER6、ASTER7）、PCA（TM1、TM3、ASTER4、ASTER5）、PCA（TM1、TM3、ASTER8、ASTER9）可较好地提取不同铁染信息。多幅影像或者多源影像进行组合使用时要进行辐射校正，将灰度值映射为反射率。

三、多重分形理论

1967 年法国数学家 Mandelbrot 创立了分形理论，用以研究事物局部和整体的自相似性，并用分维（也称分形维或分数维）来定量表征分形。分形理论对非线性系统具有良好的分析能力。简单的分形只需单个分形维数就能表征它的特征，但是现实世界中非线性系统大部分具有多层次、多区域的分形结构。为了更加细致地刻画分形的复杂性和不均匀性，可构造概率分布函数及各阶矩进行多个或无限个分形维数的计算，可构成分形维数的连续谱，称为多重分形或多标度分形。

成矿系统是由成矿流体的形成、运移、沉淀、保存等多个子系统组成的，构造活动的不连续性、继承性和多期次性导致矿液传输的间歇性和多期次性。另外，成矿系统的化学、物理等因素也会导致含矿流体自组织系统的迭代变化。变化过程中成矿系统具有的非线性特征包括各向异性、自组织临界性和自相似性，成矿变化过程可看作奇异性过程，所产生的结果具有分形或者多重分形特征。在一般情况下，矿床的规模和品位均服从全局性分形统计分布，其他特征如元素密度与分布也具有奇异性、自相似性，即具有多重分形特征。这种元素密度可用分形密度空间维数来表示，可作为成矿区和度量成矿富集强度的确定参数。

多重分形维数计算采用广义关联维法，对于 M 块成矿地质体的测量数据，定义其局部密度函数：

$$P_i(\varepsilon) = \frac{1}{M} \sum_{i \neq j} \alpha(\varepsilon - | y_i - y_j |) \quad (2.1)$$

$$\alpha(y) = \begin{cases} 0, y \leqslant 0 \\ 1, y > 0 \end{cases} \quad (2.2)$$

其中，$i, j = 1, 2, \cdots, M$，M 为地质体测量数据块数，y_i、y_j 分别为被计算的两块测量点的值，ε 取研究区成矿点测量值最大值和最小值之间的随机值。$P_i(\varepsilon)$ 表示点对距离小于 ε 的点对数占总点对数的概率。广义关联积分表示为：

$$P_n(\varepsilon) = \left\{ \frac{1}{M} \sum_{i=1}^{M} \left[P_i(\varepsilon) \right]^{n-1} \right\}^{\frac{1}{n-1}} \quad (2.3)$$

其中，$n = 2, 3, 4, \cdots, \infty$。$n \leqslant 1$ 和 $n > 1$ 分别表征了各数据块成矿信息中概率较小和概率较大的信息。概率较大的信息具有实际意义，令 $P_n(\varepsilon) - \varepsilon^{D_n}$，拟合 $\ln \varepsilon - \ln[P_n(\varepsilon)]$ 直线斜率，即可得多重分形维数 D_n。

四、SVM

SVM 的主要思想是，利用核函数将低维空间映射到高维空间，在高维空间中搜索分隔超平面，找到离分隔超平面最近的点（支持向量），确保它们离分隔面的距离尽可能远。SVM 的优势为小样本分类。用 $\omega^T x + b$ 来描述分隔超平面，用点到分隔面的法线长度来表示某一点 A 到分隔超平面的距离，记为 $\dfrac{|w^T A + b|}{\| w \|}$。用一个类似于单位阶跃函数的函数作用于 $w^T x + b$，得到 $f(w^T x + b)$，其中：

$$u < 0, f(u) = -1$$
$$u > 0, f(u) = +1 \quad (2.4)$$

$f(u)$ 即为类别标签（统一使用 label 表示）；公式 label $\cdot$ $(w^T x + b)$ 表示点到分隔面的间隔；label 是类别标签；label $\cdot$ $(w^T x + b)$ 被称为点到分隔面的函数间隔。当数据点在正方向时（+1 类），$w^T x + b$ 是一个正数，同时 label $\cdot$ $(w^T x + b)$ 也是一个正数，而数据点在负方向时（-1 类），由于

类别标签是 -1，则 label · $(w^T x + b)$ 仍然是一个正数。对于线性可分数据，目标函数为：

$$\text{argmax}_{\omega,b}\left\{\min_n[\text{label}\cdot(\omega^T x + b)]\cdot\frac{1}{\|\omega\|}\right\} \quad (2.5)$$

上述问题中离分隔面最近的点的 label · $(\omega^T x + b)$ 等于 1，离分隔面越远的点，label · $(\omega^T x + b)$ 的值越大，所以可给出约束条件 label · $(\omega^T x + b) \geq 0$，并引入松弛变量 C，以允许数据点的错分。将超平面改成数据点的形式，引入拉格朗日乘子，则目标函数记为：

$$\begin{cases}\max_\alpha\left[\sum_{i=1}^m\alpha-\frac{1}{2}\sum_{i,j=1}^m\text{label}^{(i)}\cdot\text{label}^{(j)}\cdot\alpha_i\alpha_j\langle x^{(i)},x^{(j)}\rangle\right]\\ C\geq\alpha\geq 0,\sum_{i=1}^m\alpha_i\cdot\text{label}^{(i)}=0\end{cases} \quad (2.6)$$

求出 α、ω 可得分隔超平面。对于非线性可分数据，利用核函数完成低维到高维的空间映射，在高维空间中寻找分隔超平面。所用核函数为径向基函数 RBF（Radial Basis Function）[见式（2.7）]，用 RBF 替换目标函数的内积运算，通过调整 σ 寻找最优支持向量的数目。

$$k(x,y)=\exp\left(\frac{-\|x-y\|^2}{2\sigma^2}\right) \quad (2.7)$$

采用序列最小优化算法（SMO）代替二次规划求解工具，用多个小优化问题代替大优化问题，可将求解速度提高 12%。SMO 的基本原理是：每次循环中选择两个 α，这两个 α 需在间隔边界之外，并且没有进行区间化处理，增大其中一个，减小另一个。

第四节　基于 PCA - MS - SVM 的蚀变信息提取

一、基于 PCA - MS - SVM 的蚀变信息提取流程

基于 PCA - MS - SVM 的矿化蚀变信息提取流程如图 2.5 所示，步骤如下：

（1）读取研究区 ASTER 数据，利用 ENVI 进行大气校正、几何精校正和干扰去除等处理。

（2）通过 PCA 获得铁染蚀变信息、Al – OH 基团蚀变信息及 OH 和 CO_3^{2-} 基团蚀变信息的主分量影像。

（3）对各主分量影像进行多尺度分割，将分割之后的均值影像与已知矿床和已知成矿地质背景信息进行比较，分别选取各蚀变信息训练样本400 个。

（4）利用步骤（3）选取的训练样本对 SVM 分类器进行训练，利用SMO 算法求得最佳分隔参数，构造最优 SVM 模型。

（5）利用得到的最优 SVM 模型，进行研究区的矿化蚀变信息提取。

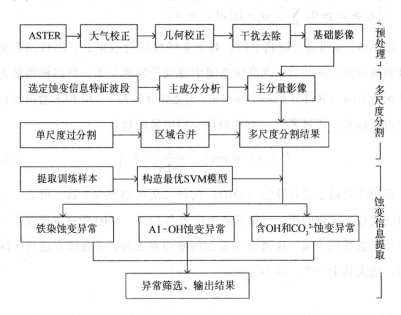

图 2.5　基于 PCA – MS – SVM 的蚀变信息提取流程

二、特征波谱选择及主成分分析

根据蚀变类型及其对应的典型矿物的波谱特征，选择相匹配的 ASTER波段。根据蚀变矿物分类方案和研究区具体情况，将本次要提取的蚀变矿物分为三类：含铁、锰或 Fe – OH 的蚀变矿物，含 Al – OH 的蚀变矿物及含 OH 和 CO_3^{2-} 的蚀变矿物。参考美国地质调查局（USGS）部分蚀变矿物的波谱曲线，获得各蚀变矿物的吸收谱带与 ASTER 波段的对应关系（见表 2.2），并据此选择诊断性波段进行主成分分析。

表 2.2　　研究区蚀变矿物的吸收谱带与 ASTER 波段的对应关系

矿物	ASTER 波段								
	1	2	3	4	5	6	7	8	9
褐铁矿	强吸	高反	弱吸						
黄钾铁矾									
明矾石	弱吸			高反		强吸	高反	强吸	
高岭石	弱吸			高反		强吸	高反	强吸	
叶腊石	弱吸			高反		强吸	高反	强吸	
绢云母				高反		强吸	高反	弱吸	
绿泥石		弱吸					高反	强吸	高反
方解石		弱吸					高反	强吸	高反

通过 PCA 去除 ASTER 各波段数据的相关性，选择主成分分量，在突出蚀变信息的同时一定程度地排除干扰。铁染蚀变信息主要与 Fe^{2+} 和 Fe^{3+} 有关，在 ASTER 数据中表现为 Band 1 和 Band 3 处有弱吸收谷，Band 2 和 Band 4 处有较高反射峰，可选择 Band 1、Band 2、Band 3、Band 4 组合进行主成分分析。主成分分析向量矩阵（见表 2.3）中没有 Band 2 和 Band 4 为正而 Band 1 和 Band 3 为负的主分量，但在 PC4 中，Band 2 和 Band 4 的特征值符号与 Band 1 和 Band 3 的相反，且 Band 2 和 Band 3 的绝对值较大，对 PC4 的特征值取反即符合铁染蚀变信息提取的要求，选 PC4 为主要贡献源。

表 2.3　　ASTER 波段 1、2、3、4 主成分分析特征向量表

特征向量	Band 1	Band 2	Band 3	Band 4
PC1	0.4336	0.4652	0.5131	0.5765
PC2	0.3341	0.3348	0.3313	−0.8164
PC3	−0.7832	0.0938	0.6138	−0.0330
PC4	0.2949	−0.8141	0.5002	−0.0101

　　明矾石、高岭石和叶腊石等蚀变矿物，在 ASTER 数据中表现为2.185 – 2.225μm 处（Band 6）有强吸收谷，在 Band 4 和 Band 7 处有高反射峰，可选用 Band 1、Band 4、Band 6、Band 7 组合进行主成分分析。PCA 向量矩阵中（见表2.4），PC3 分量 Band 4 和 Band 7 符号一致，同时与 Band 6 符号相反，且 Band 4 与 Band 6 绝对值较大，对 PC3 中的特征值符号取反即符合 Al – OH 基团蚀变信息提取的要求，因此，PC3 为主要贡献源。

表 2.4　　　　　ASTER 波段 1、4、6、7 主成分分析特征向量表

特征向量	Band 1	Band 4	Band 6	Band 7
PC1	0.4343	0.5985	0.4762	0.4758
PC2	0.8408	– 0.1529	– 0.0592	– 0.5159
PC3	– 0.1232	– 0.4671	0.8606	– 0.1612
PC4	– 0.2987	0.6326	0.1706	– 0.6939

　　绿泥石、绿帘石、阳起石和碳酸盐化（方解石和白云石）蚀变矿物在 2.3μm 波长（Band 8）附近有强吸收谷，在 Band 9 处有高反射峰，因此，可选取 Band 1、Band 2、Band 8、Band 9 进行主成分分析。主成分分析向量矩阵中（见表2.5），PC3 分量 Band 9 为正，Band 8 为负，且二者绝对值较大，符合 OH、CO_3^{2-} 基团蚀变信息提取的要求，可见，PC3 为主要贡献源。

表 2.5　　　　ASTER 波段 1、2、8、9 主成分分析特征向量表

特征向量	Band 1	Band 2	Band 8	Band 9
PC1	– 0.5092	– 0.5462	– 0.4907	– 0.4490
PC2	– 0.4738	– 0.4667	0.5257	0.5305
PC3	0.0180	0.0164	– 0.6947	0.7189
PC4	– 0.7183	0.6954	– 0.0163	– 0.0136

三、基于多重分形理论的多尺度分割

　　基于单个像元进行地物识别运算量大，且会出现孤立点及不连通区

域，运用单一尺度则边缘检测会出现异常。ASTER 影像分辨率高，地物呈现明显的纹理特性，且蚀变信息具有空间尺度特征，因此，对主分量影像进行多尺度分割，充分利用影像区域特征。

多尺度分割的第一阶段，采用灰度均方差进行合并约束，两对象块均方差越小，相似度越高（面积阈值设为 20）；第二阶段，采用分形理论进行纹理相似性检测。将各对象块看作曲面，采用广义关联法计算分维数，当 $|D_i - D_{ij}| < 0.001$ 时，表示两对象块纹理相似度高，可以合并（D_i 表示第 i 块的分维数，D_{ij} 表示与第 i 块相邻的第 j 块的分维数。尺度阈值设为 60）。多尺度分割算法流程如图 2.6 所示，局部合并效果如图 2.7、图 2.8 所示。

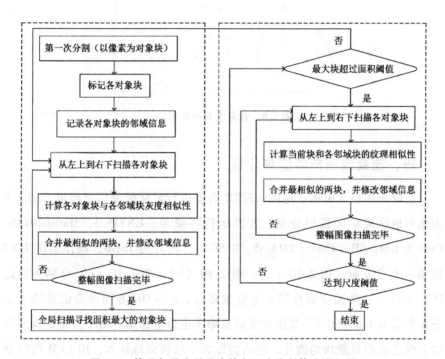

图 2.6　基于多重分形理论的多尺度分割算法流程图

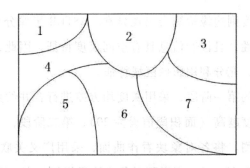

图 2.7　合并之前的对象块

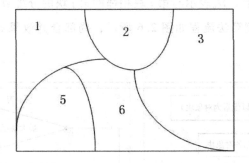

图 2.8　合并之后的对象块

四、蚀变信息提取结果分析

选取新疆东天山尾亚地区 ASTER 数据进行矿化蚀变信息提取，图 2.9 为尾亚地区成矿区带划分图。实验运行环境为：ENVI5.3，Matlab2014b，CPU 为 Intel（R）Core（TM）i5，2.5GHz，内存为 16GB，操作系统为 64 位 Win10 专业版。图 2.10（a）、图 2.10（b）、图 2.10（c）分别为通过 PCA 获得的铁染蚀变信息第 4 主分量影像、Al – OH 基团蚀变信息第 3 主分量影像及 OH 和 CO_3^{2-} 基团蚀变信息第 3 主分量影像。将主分量影像多尺度分割之后的对象块均值化，在均值影像中选择训练样本，用 SVM 进行分类。图 2.11 为各主分量影像多尺度分割结果。

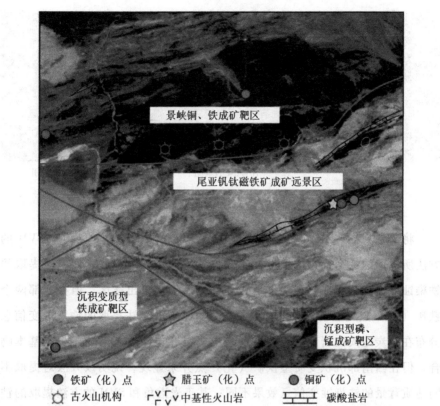

景峡铜、铁成矿靶区

尾亚钒钛磁铁矿成矿远景区

沉积变质型
铁成矿靶区

沉积型磷、
锰成矿靶区

● 铁矿（化）点　　☆ 腊玉矿（化）点　　● 铜矿（化）点

⬡ 古火山机构　　ᴧᴧᴧ 中基性火山岩　　▭▭ 碳酸盐岩

◯ 矽卡岩化　　◯ 角岩化

图 2.9　尾亚地区成矿区带划分图

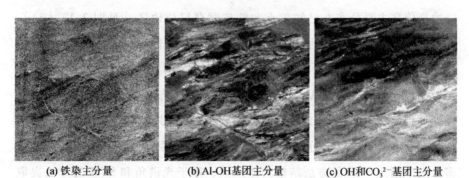

(a) 铁染主分量　　(b) Al-OH 基团主分量　　(c) OH 和 CO_3^{2-} 基团主分量

图 2.10　各蚀变信息主分量影像

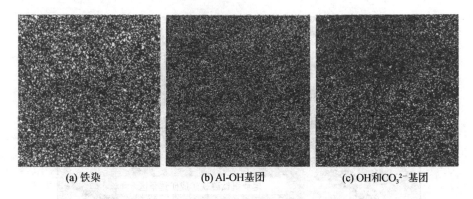

(a) 铁染   (b) Al-OH基团   (c) OH和CO_3^{2-}基团

图 2.11 各蚀变信息主分量影像多尺度分割结果

将 PCA – MS – SVM 法与波段比值法、PCA 法及结合光谱角和 SVM 的方法所提取的蚀变信息结果进行比较，效果分析如下：波段比值法提取的铁染蚀变信息分布在石炭纪火山岩和蓟县系大理岩出露区，但在北部两个铁矿（化）点无显示，并且有很多无关信息；PCA 法提取的铁染蚀变信息分布在石炭纪火山岩和蓟县系大理岩出露区，与该地区已知矿化点基本吻合，但在西南部沉积变质型铁矿（化）点并未显现，说明该方法对提取不同地质背景的铁染蚀变信息效果不同；基于光谱角和 SVM 的方法提取的铁染蚀变信息分布在石炭纪火山岩地区，在石炭纪碎屑岩区有少量冗余，在中部铁矿点和蓟县系铁矿赋存地层中未显示；PCA – MS – SVM 法提取的铁染蚀变信息主要分布在已知矿点和铁矿赋存层位地区［见图 2.12（a）］，在西南部沉积变质型铁成矿靶区也有出现，能较全面反映成矿区带的分布。

波段比值法提取的 Al – OH 基团蚀变信息分布在下石炭统出露区，而在西北部南华纪火山岩出露区未显示，且北部有少量冗余信息，与成矿区带吻合度不高；主成分分析法提取的 Al – OH 基团蚀变信息与结合 PCA、多尺度分割及 SVM 的方法结果大体一致；基于光谱角和 SVM 的方法提取的信息分布在早石炭世火山岩出露区，与波段比值法效果近似；PCA – MS – SVM 法提取的 Al – OH 基团蚀变信息主要分布在早石炭世中基性火山岩出露区［见图 2.12（b）］，且在南华纪火山岩和蓟县系大理岩出露区也有显示，与成矿区带的分布吻合度较高。

波段比值法提取的 OH 和 CO_3^{2-} 基团蚀变信息分布在中北部石炭系和南部志留系中，而在早石炭世碳酸盐岩和蓟县系大理岩出露区未显现，东南部志留系中有较多冗余信息，总体提取效果与实际矿化蚀变匹配度很差；PCA 法提取的结果分布在石炭纪基性火山岩和碳酸盐岩出露区，但在很多侵入岩处有大量冗余信息，不够精确；基于光谱角和 SVM 提取的蚀变信息分布在下石炭统中，在碳酸盐岩出露区信息不明显，且碎屑岩区无关信息较多；PCA – MS – SVM 法提取的 OH 和 CO_3^{2-} 基团蚀变信息分布在早石炭世基性火山岩和碳酸盐岩以及蓟县系大理岩区 ［见图 2.12（c）］，在南部志留系与侵入岩接触界线附近也有显现，能较好地显示成矿区带的分布。

(a) 铁染蚀变信息分布图　　(b) Al-OH基团蚀变信息分布图　　(c) OH和ICO₃²⁻基团蚀变信息分布图

图 2.12　PCA – MS – SVM 法提取的蚀变信息分布图

根据实际矿化点和与矿化蚀变信息有关的地质背景提取验证样本，将验证样本与 PCA – MS – SVM 法获得的各类蚀变信息进行对比，采用混淆矩阵进行精度评价，表 2.6 至表 2.8 给出了精度对比评价结果。比值法对于 Al – OH 基团蚀变信息的提取精度能达到 86.29%，Kappa 系数为 0.6168，与实际情况高度一致，而对于铁染蚀变信息及 OH 和 CO_3^{2-} 基团蚀变信息的提取效果一般，该结果和分割阈值的准确性有关；PCA 法提取铁染蚀变信息的效果逊于波段比值法，但在提取 Al – OH 基团及 OH 和 CO_3^{2-} 基团蚀变信息时精度可以达到 85.87% 和 83.59%，Kappa 系数分别为

0.5977 和 0.6122，一致性较好，该结果与主成分变换所选取的波段及密度分割的阈值确定相关性很大；基于光谱角与 SVM 的方法提取 Al – OH 基团蚀变信息时精度可以达到 85.13%，Kappa 系数为 0.6033，而在其他蚀变信息提取方面效果较差，可能源于 SVM 样本选择不当；采用 PCA – MS – SVM 法提取各类蚀变信息的精度与其他三种方法相比较高，提取铁染蚀变信息、Al – OH 基团蚀变信息及 OH 和 CO_3^{2-} 基团蚀变信息的总体精度可以达到 87.98%、90.01% 和 88.93%，Kappa 系数分别为 0.8011、0.8134 和 0.8023，提取结果与实际情况高度一致，该结果与 PCA – MS – SVM 法能充分利用区域及纹理信息选择样本有着很大关系。

表 2.6　　　　　　　四种方法的铁染蚀变信息提取精度对比

蚀变区	波段比值		PCA		光谱角与 SVM		PCA – MS – SVM	
	制图精度/%	用户精度/%	制图精度/%	用户精度/%	制图精度/%	用户精度/%	制图精度/%	用户精度/%
铁矿化点	67.86	60.85	63.94	61.52	60.3	61.7	69.96	75.09
古火山机构	87.23	92.0	89.67	91.01	88.3	89.01	92.33	93.01
中基性火山岩	86.54	91.85	87.04	90.02	87.63	90.01	93.7	93.95
总体精度/%	81.57		80.65		79.33		87.98	
Kappa 系数	0.5372		0.5711		0.49		0.8011	

表 2.7　　　　　　　四种方法的 Al – OH 基团蚀变信息提取精度对比

蚀变区	波段比值		PCA		光谱角与 SVM		PCA – MS – SVM	
	制图精度/%	用户精度/%	制图精度/%	用户精度/%	制图精度/%	用户精度/%	制图精度/%	用户精度/%
铜矿化点	70.01	70.33	67.45	68.11	70.73	71.23	80.34	79.03
腊玉矿化点	91.15	91.33	93.03	92.55	90.33	91.58	94.17	95.29
古火山机构	90.02	92.01	91.34	90.03	91.01	90.76	94.02	95.32
中基性火山岩	89.23	87.85	89.98	91.05	90.29	89.21	90.87	92.36
矽卡岩化	86.02	84.66	84.22	84.65	83.43	82.76	87.07	85.66
总体精度/%	86.29		85.87		85.13		90.01	
Kappa 系数	0.6168		0.5977		0.6033		0.8134	

表 2.8   四种方法的 OH 和 CO_3^{2-} 基团蚀变信息提取精度对比

蚀变区	波段比值		PCA		光谱角与 SVM		PCA－MS－SVM	
	制图精度/%	用户精度/%	制图精度/%	用户精度/%	制图精度/%	用户精度/%	制图精度/%	用户精度/%
铁矿化点	60.23	61.02	66.33	64.32	61.54	60.72	68.45	68.02
碳酸盐岩	90.22	91.35	92.56	92.34	92.21	90.68	95.54	97.02
基性火山岩	89.92	90.02	88.54	91.86	90.22	90.73	95.57	95.85
矽卡岩化	82.44	84.64	85.89	84.71	82.87	81.73	89.01	94.67
角岩化	78.01	77.08	79.10	76.55	77.01	74.22	80.02	82.02
总体精度/%	81.76		83.59		81.08		88.93	
Kappa 系数	0.5867		0.6122		0.5212		0.8023	

五、实验效率分析

将 PCA－MS－SVM 蚀变信息提取方法与波段比值法、PCA 法及结合光谱角和 SVM 的方法的运算效率进行比较（见表 2.9）：波段比值法计算复杂度低，效率最高；PCA 要进行坐标变换，时间较长；光谱角法相对于 PCA 效率较高；PCA－MS－SVM 法计算复杂度较高，SVM 的运行效率受 SVM 样本及核参数的影响，多尺度分割的运行效率受尺度参数、形状及紧致度参数的影响。SVM 运行时，样本数越多或者样本准确性越差，运行效率越低，可适当减少样本数量，确保样本可靠性以提高效率，可通过样本可分离度评估（TD）（当 TD 值都大于 1.9 时，样本可分离性较好）来保证样本的可靠性。SVM 核参数的选择可以用人工智能算法，如蜂群算法、遗传算法等代替人工选择提高效率。多尺度分割时，尺度参数越大，运行效率越低，可根据不同岩性选择不同尺度参数，提高运行效率。另外，也可以采用其他纹理提取方法，如灰度共生矩阵（GLCM）、小波变换等提高纹理检测速度。表 2.9 统计程序运行时间不包括样本选择时间及人为设定参数时间。PCA－MS－SVM 法在运行效率上不占优势，但是能够充分利用影像的纹理特征，精度较高，可为以后的工程应用提供参考。

表 2.9　　　　　　四种方法提取蚀变信息的运行效率对比

蚀变信息	波段比值/s	PCA/s	光谱角与 SVM/s	PCA – MS – SVM/s
铁染	15.01	52.34	133.49	420.34
Al – OH 基团	14.79	49.14	142.21	432.67
OH 和 CO_3^{2-} 基团	14.61	56.65	125.89	415.35

六、影响 PCA – MS – SVM 性能的主要因素分析

PCA – MS – SVM 结合了几种方法提取 ASTER 数据的蚀变信息，影响该方法性能的主要因素有：对 ASTER 数据进行主成分分析时诊断性波段的选择；进行多尺度分割时合并约束条件的设定；运行 SVM 时核参数的选择。

对 ASTER 影像进行主成分分析来提取蚀变信息时，铁染蚀变信息的诊断性波段可选择 PCA（1、2、3、4）和 PCA（1、3、4、5）等；Al – OH 基团蚀变信息的诊断性波段选择 PCA（1、3、4、6）、PCA（5、6、7）和 PCA（1、4、6、7）；OH 和 CO_3^{2-} 基团蚀变信息的诊断性波段选择 PCA（1、5、8、9）、PCA（1、3、4、8）、PCA（1、3、8、9）、PCA（1、3、5、7）和 PCA（7、8、9）等。各波段组合都致力于增强干扰信息与蚀变信息的光谱差异。ASTER 影像具有较高的光谱分辨率、更加精细的矿物信息，可针对各类蚀变信息光谱特征选择诊断性波段构造提取指数。

因矿床分布具有分形丛集的特征，PCA – MS – SVM 法依据分形理论计算纹理特征，进而选择多尺度分割参数，充分利用蚀变信息的区域特征。

PCA – MS – SVM 法和仅采用灰度均方差进行合并约束得到的多尺度分割结果（见表 2.10）显示，两种方法得到的对象数量相近，GS 值有所差别。GS（global scare）指数衡量对象内部均质性及对象之间的异质性，该值越小，表明分割效果越好。

表 2.10　　　　　　　　两种约束的多尺度分割结果

主分量影像	分割结果	灰度均值合并	PCA – MS – SVM
铁染	对象数量	1950	1745
	GS 值	0.768	0.623
Al – OH 基团	对象数量	1833	1701
	GS 值	0.822	0.61
OH 和 CO_3^{2-} 基团	对象数量	1634	1689
	GS 值	0.725	0.578

构建 SVM 模型时，通过实验方法寻找 σ 值，结果显示（见表 2.11）当 RBF 中的参数 σ 分别取 10、13 及 11 左右时，测试错误率最小。C 的设置也会影响到分类结果，C 取值为 10。

表 2.11　　　　　　　不同 σ 值的蚀变信息识别性能

蚀变信息	内核，设置	训练错误率/%	测试错误率/%	支持向量数
铁染	RBF，0.1	0	50	186
	RBF，5	0	3.1	176
	RBF，10	0	0.3	87
	RBF，50	0.2	2.1	43
	RBF，100	4.3	4.1	37
Al – OH 基团	RBF，0.1	0	60	202
	RBF，5	0	5.4	189
	RBF，13	0	0.2	67
	RBF，50	0.4	3.1	39
	RBF，100	3.7	4.5	35
OH 和 CO_3^{2-} 基团	RBF，0.2	0	70	209
	RBF，5	0	5.3	187
	RBF，11	0	0.4	67
	RBF，52	0.3	2.8	43
	RBF，100	4.2	5.2	40

第五节 本章小结

本章介绍的主成分分析原理、SVM 原理可为后续章节所用。本章提出了结合主成分分析（PCA）、多尺度分割和 SVM 的应用于 ASTER 数据的矿化蚀变信息提取方法。实验结果表明，在 ASTER 数据中分别选取 Band 1、Band 2、Band 3、Band 4，Band 1、Band 4、Band 6、Band 7 及 Band 1、Band 2、Band 8、Band 9 组合进行主成分分析，可以最大程度地增强铁染、Al – OH 基团及 OH 和 CO_3^{2-} 基团的蚀变信息，并且多尺度分割能充分利用蚀变区域纹理特征。另外，使用 SMO 算法将构造 SVM 模型的速度提高了12%。根据混淆矩阵对蚀变信息提取的精度分析可知，提取铁染蚀变信息、Al – OH 基团蚀变信息及 OH 和 CO_3^{2-} 基团蚀变信息的总体精度分别达到了 87.98%、90.01% 和 88.93%，Kappa 系数分别为 0.8011、0.8134 和0.8023，与实际情况高度一致，运用该方法有效缩小了找矿靶区。

PCA – MS – SVM 方法存在以下问题有待完善。①寻找 SVM 的核参数和惩罚因子时，可使用布谷鸟算法、优化遗传算法等其他寻优算法。②多尺度分割时，尺度阈值都是人为设定的，具有主观性，应采用统计方法获得最优 GS 指数，从而自适应地确定最优尺度。③整个算法的运行效率有待提高，比如：进行多尺度分割时可采用邻域数组的存储方法提高检索速度；运行 SVM 时可以调整样本数量及样本可靠性来提高运算效率；计算纹理相似性时可用改进的盒覆盖算法提高纹理检测速度，或者改用其他纹理计算法（GLCM 纹理、小波纹理等）；还可以采用分布式系统提高计算机的运算速度等。

第三章　结合小波包变换和随机森林
的蚀变信息提取

很多方法有效地提取了 ASTER 影像的蚀变信息，但是没有充分利用遥感影像的多尺度细节特征，导致提取结果噪声较多、精度有限。小波包分解是基于小波分解发展而来的能对高低频信号同时进行分解的方法，能保留影像全部信息，有时频局部化及多尺度分析优势。随机森林（RF）由于计算速度快、参数要求少、对训练数据的统计假设少、对噪声或过拟合的敏感性较低，提取遥感信息的准确度较高。可结合小波包分解与 RF 的优势，从各蚀变矿物的主分量影像上提取蚀变信息，利用矿物区域特征及高级分类器为蚀变矿物的遥感解译提供技术参考。

第一节　研究区概况

研究区（见图 3.1）位于新疆、甘肃和内蒙古三省区交界部位的甘肃省玉门市地区，大地构造隶属于北山造山带，是古亚洲成矿域的重要组成部分。北山造山带经历了复杂的地质构造演化和构造岩浆活动，具有优越的成矿地质条件，矿产资源丰富。出露的地层有晚太古界、长城系、蓟县系、石炭系、二叠系、侏罗系、白垩系和第四系，并发育有石炭纪和二叠纪中酸性侵入岩。晚太古界、长城系和和蓟县系中可见绢英岩化和绿泥石化，并含大理岩或白云岩，大理岩与酸性侵入岩接触界线附近常见矽卡岩化；蓟县系大理岩中偶见阳起石；石炭系和二叠系碎屑岩中可见绿帘石化。

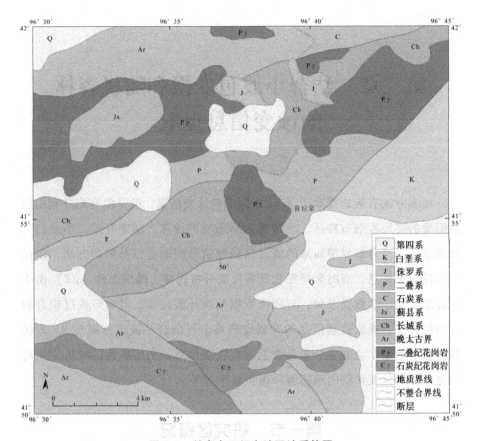

图3.1 甘肃省玉门市地区地质简图

　　成矿地质条件有利部位包括特殊的构造带、蚀变带和特殊岩层等，受多期次区域构造和热液活动的影响。研究区内岩石发生蚀变和变质作用，类型主要有绿帘石化、绿泥石化、阳起石、碳酸盐化、矽卡岩化、绢云母化、赤铁矿化、硅化和角岩化等。蚀变岩类型取决于原岩的成分，比如：矽卡岩集中产出于大理岩和侵入岩的接触带上，大量互不相连的碳酸盐脉常出现在灰岩和大理岩中；绢云母化表现为火山碎屑岩中的碎屑及泥质物为绢云母所取代；绿泥石化在基性火山岩和辉长岩中常见，部分酸性岩和泥质岩中可见。

第二节　数据源

　　影像为拍摄于 2003 年 8 月 15 日的 ASTER L1T 级数据，影像清晰，无积雪、植被覆盖，有云覆盖。该级别的数据已经进行了精确地形校正，数据预处理需要进行串扰校正、大气校正及去云处理。大气校正采用 FLAASH 模块进行，去云处理是鉴于近红外波段的异常高值即为云覆盖，进行掩膜运算。

第三节　理论与方法

一、小波包变换

　　小波包是小波的推广，能更大程度地控制时间 – 频率平面的分开度，对高频和低频部分都进行分解。使用二维、四子带滤波器组对影像进行变换。尺度和平移基函数为：

$$\varphi_{j,m,n}(x,y) = 2^{j/2}\varphi(2^j x - m, 2^j y - n) \tag{3.1}$$

$$\psi^i_{j,m,n}(x,y) = 2^{j/2}\psi^i(2^j x - m, 2^j y - n), i = \{H, V, D\} \tag{3.2}$$

　　其中，H、V、D 分别为表示水平、垂直和对角线方向。大小为 $M \times N$ 的影像 $f(x,y)$ 的离散小波变换是：

$$W_\varphi(j_0, m, n) = \frac{1}{\sqrt{MN}}\sum_{x=0}^{M-1}\sum_{y=0}^{N-1} f(x,y)\varphi_{j_0,m,n}(x,y) \tag{3.3}$$

$$W^i_\psi(j, m, n) = \frac{1}{\sqrt{MN}}\sum_{x=0}^{M-1}\sum_{y=0}^{N-1} f(x,y)\psi^i_{j,m,n}(x,y), i = \{H, V, D\} \tag{3.4}$$

　　j_0 是一个任意的开始尺度，$W_\varphi(j_0, m, n)$ 系数定义 $f(x,y)$ 在尺度 J_0 处的近似。$W^i_\psi(j, m, n)$ 系数对尺度 $j \geq j_0$ 附加了水平、垂直和对角方向的细节。在 $W_\varphi(J, m, n) = f(m, n)$ 时，该过程可以对尺度 $j = J-1, J-2, \cdots, J-P$ 反复迭代生成 P 尺度变换。图 3.2 为一个三尺度、二维小波包树的一部分。

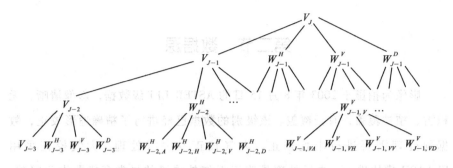

图 3.2　三尺度、完全小波包分解树

由于小波包树有多种分解选择，实际应用中无法将所有的分解都列举出来，需要有效的算法来筛选节点，用以熵为基础的代价函数选择最优小波包树：

$$E(f) = \sum_{m,n} |f(m,n)| \tag{3.5}$$

$E(f)$ 度量 f 的能量。对于所有的 m 和 n，函数 $f(m,n) = 0$ 的能量为零。计算节点的能量，用 E_p（作为父节点的能量）表示，此节点的 4 个子节点的能量分别为 E_A、E_H、E_V 和 E_D。对于二维小波包分解，父节点是近似系数或细节系数的一个二维阵列，子节点分别是滤波后的近似、水平、垂直和对角线细节，若子节点的联合能量小于父节点的能量，即 $E_A + E_H + E_V + E_D < E_P$，则保留这些子节点，否则，修剪掉这些子节点，保留父节点。

二、随机森林

RF 是以众多决策树为基础的非参数分类器，最终分类结果为多棵决策树平均或者投票的结果，它利用很多不同的训练样本子集来增大分类模型之间的相异性，达到提高分类模型泛化能力及预测能力的目的。与其他机器学习算法相较，RF 体现出精度高、参数少、性能稳定的特点，对于矿物组分复杂、噪声较多的岩性或矿物识别效果较好。RF 的核心包含分类器训练与分类 2 个过程（见图 3.3）。

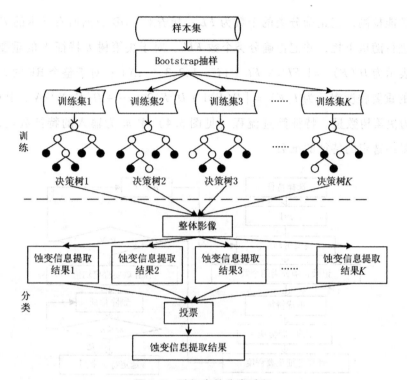

图 3.3　随机森林分类过程

　　每颗树采用 Bagging 随机选择原始样本集的 K 个子样本集，利用 CART（Classification and Regression Trees）算法训练二叉决策树。各个决策树的全部节点有放回地抽取 p 个特征，其中 p 小于相应样本子集中总特征个数，经过统计各个特征所含有的信息量来分裂生长，最后对各分类器的分类结果采用多数投票法输出结果。没有被 Bagging 采用的数据称为 OOB（Out of Bag）数据，利用 OOB 预测结果平均错误率来表征不同特征的重要性。

$$H(x) = \underset{Y}{\arg\max} \sum_{i=1}^{K} I[h_i(x) = Y] \qquad (3.6)$$

　　式中，$H(x)$ 表示 RF 最终提取结果，$h_i(x)$ 为各决策树分类结果，Y 为输出变量，I 为示性函数。

　　RF 有两个重要参数：决策树的数量和特征数量。本章研究将决策树数量的上限设置为 500，特征数量选输入变量总数的平方根。RF 评估特征的重要程度并进行筛选的原理：对某棵决策树 L 使用其对应的 OOB 数据进

行性能检测，记正确分类的个数为 FL ；接着对 OOB 数据所有样本的 F 特征进行随机干扰，并记正确分类个数 FL' ，对于决策树 L 特征 F 的重要程度表示为 $D(F)_i = |FL'_i - FL_i|$ $(i = 1,2,3,\cdots,N)$ ；对于整个 RF 的 F 特征的重要程度表示为 $I(F) = [D(F)1 + D(F)2 + \cdots + D(F)N]/N$ ，其中，N 为决策树数量。特征筛选流程（见图 3.4）中 m 为输入的特征数量，n 为最终选定的特征的维数。

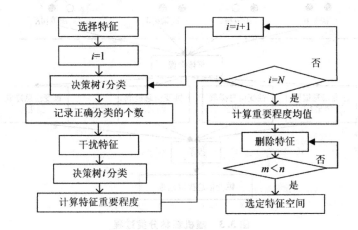

图 3.4 随机森林特征筛选流程

第四节 结合小波包变换和 RF 的蚀变信息提取

一、结合小波包变换和 RF 的蚀变信息提取流程

结合小波包变换和 RF 的蚀变信息提取工作流程（见图 3.5）：首先，处理 ASTER 影像；其次，选择各蚀变矿物诊断性光谱特征进行 FPCS，并选择各蚀变矿物的主分量影像；再次，对主分量影像进行小波包变换，用代价函数选择最优小波包树，从变换结果的高频和低频部分分别提取纹理和光谱特征，构造分类特征向量；然后，采集各蚀变信息的样本集，构建 RF 并提取蚀变矿物；最后，通过检验样本集、野外勘查及薄片鉴定结果进行精度评价，统计总体精度（OA）和 Kappa 系数。

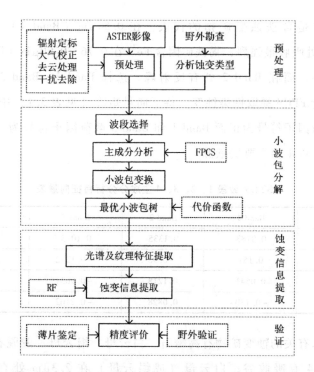

图 3.5　结合小波包变换和 RF 的蚀变信息提取工作流程

二、主成分分析

　　参考美国地质调查局（USGS）矿物的波谱曲线，研究区三类蚀变矿物吸收谱带与 ASTER 波段的对应关系见图 3.6。根据波谱曲线显示的蚀变矿物的吸收与反射特征选择各蚀变矿物诊断性波段完成主成分分析。

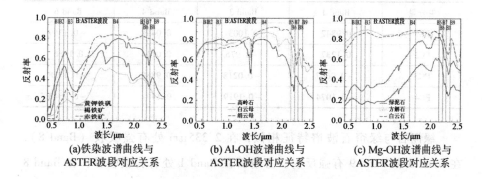

图 3.6　蚀变矿物波谱曲线与 ASTER 波段对应关系

赤铁矿是含铁蚀变矿物的代表，在 0.54 μm（Band 1）和 0.85 μm（Band 3）处吸收最强烈，褐铁矿因含 Fe^{3+} 在 0.76 – 0.90 μm（Band 3）处有强吸收谷，而在 Band 2 处有反射峰。选择 Band 1、Band 2、Band 3、Band 4 进行 FPCS 提取铁染蚀变。特征向量矩阵（见表 3.1）中 Band 2 和 Band 4 载荷因子符号为正而 Band 1 和 Band 3 载荷因子符号为负的主分量为 PC4，则 PC4 为主要贡献源。

表 3.1 ASTER 波段 1、2、3、4 主成分分析特征向量表

主分量	Band 1	Band 2	Band 3	Band 4
PC1	0.9783	0.1335	0.1013	0.1215
PC2	0.151	− 0.98	− 0.1242	− 0.0359
PC3	0.0541	0.1218	− 0.9631	0.2338
PC4	− 0.1308	0.0828	− 0.2162	0.964

与羟基有关的蚀变矿物有高岭石、白云母、绢云母、蒙脱石等。高岭石在 Band 4 有吸收谷；白云母（或绢云母）在 2.3 μm 处有弱吸收谷（Band 8）；高岭石和绢云母在 2.2 μm（Band 6）处均有 Al – OH 引起的强吸收特征。选择 Band 1、Band 3、Band 4、Band 6 进行 FPCS，特征向量矩阵（见表 3.2）中 PC4 分量 Band 6 载荷因子符号为负，且绝对值较大，Band 4 载荷因子符号为正，可选为主要贡献源。

表 3.2 ASTER 波段 1、3、4、6 主成分分析特征向量表

主分量	Band 1	Band 3	Band 4	Band 6
PC1	0.9842	0.1003	0.0498	− 0.1369
PC2	0.1237	− 0.976	0.0114	0.1786
PC3	− 0.0667	− 0.0218	0.9882	− 0.1358
PC4	− 0.1074	− 0.1919	0.1441	− 0.9648

绿泥石与绿帘石波谱特征相似，在 2.335 μm 处有强吸收（Band 8），在 Band 5 和 Band 9 有强反射。方解石在 Band 1 处有弱吸收谷，在 Band 8 处有强吸收谷，在 Band 9 处为反射峰，因此选择 Band 1、Band 5、Band 8、

Band 9 进行 FPCS，提取碳酸盐岩化蚀变。特征向量矩阵中（见表 3.3），Band 5 和 Band 9 载荷因子符号为正，Band 1 和 Band 8 载荷因子符号为负对应的 PC4 为主要贡献源。

表 3.3　　　　ASTER 波段 1、5、8、9 主成分分析特征向量表

主分量	Band 1	Band 5	Band 8	Band 9
PC1	− 0.9867	− 0.151	− 0.0587	− 0.0104
PC2	− 0.1496	0.9884	− 0.0266	− 0.0066
PC3	0.0624	− 0.0177	− 0.9973	− 0.035
PC4	− 0.0091	0.0043	− 0.0357	0.9993

三、小波包变换

统计小波包变换高频系数的值可以得到影像的多尺度纹理特征，选择的统计量有熵（En）、均值（M）、方差（V）、能量（E）。由于高频部分系数为水平、垂直和对角三个方向，统计量取三个方向的均值。从小波包变换低频子带中可提取不同尺度光谱特征（S）。构造分类特征向量：

$$T = [En, M, V, E, S] \tag{3.7}$$

对各蚀变主分量影像利用小波函数 db1 进行 4 层小波包分解，其中低频部分提取影像的光谱信息，高频部分提取影像的纹理信息。通过代价函数选择最优小波包树（见图 3.7）。其中，铁染、Al − OH 及 Mg − OH 主分量影像的最优小波包树的结点数分别为 113、89 及 121。树中被合并的结点索引序号见表 3.4。

各蚀变信息样本的小波包统计量的均值见表 3.5。计算每一层分解结果的分类向量，利用 RF 进行不同尺度的蚀变信息提取，根据提取结果的精度择优。构造分类向量时，要将各统计量归一化：$y^i = x^i / x^i_{max}$，其中，x^i 为分类向量的第 i 个分量，y^i 为第 i 个分量归一化结果，x^i_{max} 为第 i 个分量最大值。

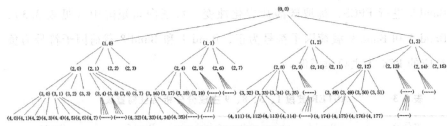

(a) 铁染蚀变信息最优小波包树

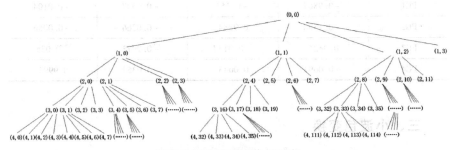

(b) 含Al-OH蚀变信息最优小波包树

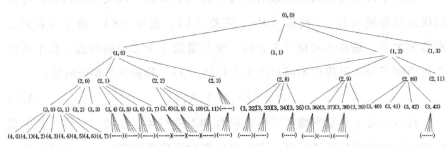

(c) 含Mg-OH蚀变信息最优小波包树

图 3.7　各蚀变矿物最优小波包树

表 3.4　　　　　　　　　树中被合并的结点索引序号

铁染	80	79	78	77	76	75	73	72	71	69	59	57	56	55	53	48	47	
	46	45	44	43	40	39	28	27	24	23	20	16	15	12	8	7		
AL – OH	72	71	70	69	64	63	62	61	60	59	56	55	53	48	47	46	45	40
	39	36	35	34	33	32	31	30	29	28	27	24	23	16	12	10	4	
Mg – OH	63	62	61	60	55	31	24	23	16	4	2							

表 3.5　　　　　　　　各蚀变样本的小波包统计量均值

蚀变类型	统计量	1 层分解	2 层分解	3 层分解	4 层分解
铁染	En	-4.9577×10^{11}	-3.1859×10^{11}	-1.0711×10^{11}	-7.3787×10^{10}
	M	-0.0347	0.0611	-0.3527	-1.9510
	V	180.2453	585.6054	2708.2	12205.2
	E	9.7641	17.4124	36.6449	77.3027
	S	265.0264	529.9511	1059.5	2117.4
Al – OH	En	-6.1314×10^{11}	-3.0182×10^{11}	-1.4282×10^{11}	-1.1631×10^{11}
	M	0.0553	-0.0359	-0.2969	-1.7780
	V	36.9241	527.8372	2354.02	10945.8
	E	3.9870	16.4594	34.8553	72.4237
	S	299.3707	598.7713	1197.7	2394.5
Mg – OH	En	-3.6840×10^{11}	-2.3624×10^{11}	-1.1019×10^{11}	-5.0907×10^{10}
	M	0.0029	0.1452	-0.1137	2.1672
	V	1.0845	879.1616	3183.52	9471.38
	E	0.4976	21.9756	42.9211	70.4202
	S	227.6074	455.2493	910.6320	1820.7

　　计算各层分解之后蚀变信息样本的均值与背景均值的欧式距离，用 $M-L$ 表示，其中 M 表示各背景均值，L 表示各层级分解目标矿物样本均值，$L=1$、2、3、4（见表 3.6）。结果表明，随着分解层级增多，各目标矿物与背景的距离先增大后减小，进行 3 层级分解时距离最大，所以初步判定 3 层级小波包分解结果分类效果最佳，后面根据分类精度进一步判定。

表 3.6　　　　　　各层统计量均值与背景均值的欧式距离

蚀变矿物	M – 1	M – 2	M – 3	M – 4
铁染	0.3243	0.5478	1.2902	0.8027
Al – OH	0.2971	0.4879	1.2848	0.8599
Mg – OH	0.4002	0.4432	1.2905	0.8752

四、RF 提取蚀变信息

　　根据野外调查结果，分别选择蚀变信息样本点各 300 个，以这 300 个样本点为中心随机产生面积不超过 20 的不规则多边形作为原始训练样本集。原始样本集的 2/3 用来构建 RF，1/3 评价提取精度。

通过 OOB 检测误差率，进行特征的重要程度归一化排名（见图 3.8）。主成分分析突出了目标矿物的光谱特征，光谱特征的重要程度最高；能量可以表征矿物的时空分布可能的变化程度；岩性的组成成分较为复杂，目标矿物在区域内的分布规律性差，信息熵可以衡量某区域目标信息量的复杂程度及大小。根据重要程度排名，最终选择光谱、能量、熵特征进行矿物提取。

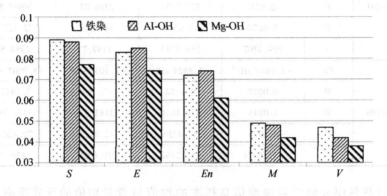

图 3.8　分类特征重要程度排名

用选定的特征子集构建验证树（从 50 到 500，步长为 50，见图 3.9）。通过 OOB 验证精度，各矿物提取精度最高时对应的树数即为最佳树数。各矿物提取精度最高时，对应的树数都不同，铁染、Al－OH 及 Mg－OH 精度最高为 0.8843、0.8544 及 0.89，对应的最佳树数分别为 200、200 及 300。树的棵树引起的精度变化幅度分别为 0.0441、0.0393 及 0.0463。

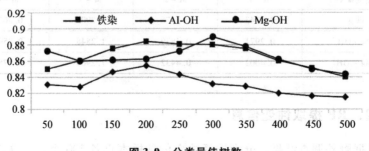

图 3.9　分类最佳树数

五、提取结果分析

1. 结果分析

提取结果（见图 3.10）显示，铁染异常 ［见图 3.10（a）］主要出现在太古代和长城纪地层中，少量出现在南部石炭纪花岗岩中，零星出现在二叠纪、侏罗纪和白垩纪地层中，整体呈零散的点状或团块状分布，未见明显的环状或带状分布特征，与区域构造线不协调。含 Al – OH 异常 ［见图 3.10（b）］主要分布在北部的前寒武纪地层区和侵入岩周围，零星出现在南部，呈条带状或似环状。前寒武纪特别是太古代和长城纪地层中含较多的绢英岩化，与区域变质作用关系密切，呈条带状分布，与区域构造线方向一致。碳酸盐岩与酸性侵入岩接触界线附近常见矽卡岩化，该类蚀变呈似环状或线状，与区域构造线不协调。含 Mg – OH 和 CO_3^{2-} 异常 ［见图 3.10（c）］在研究区北部和中部广泛分布，侵入岩和南部太古代地层中有零星出露，多呈条带状，局部呈零星团块状。长城纪和蓟县系大理岩、白云岩及太古代角闪岩出露区的 Mg – OH 异常信息与区域构造线方向一致。绿帘石化热液蚀变规律不明显，形成了零散的点状或团块状区域。总之，提取的蚀变信息与区域地质背景相吻合。

(a) 铁染蚀变信息提取结果　(b) 含AL-OH蚀变信息提取结果　(c) 含Mg-OH蚀变信息提取结果

图 3.10　蚀变信息提取结果

选取了 42 个野外样品点实地验证（见图 3.11），验证结果表明，该区铁染异常与碱性热液蚀变有关 ［见图 3.12（a）］，在酸性石英脉中偶见。

Al – OH 异常常见有绢英岩化和矽卡岩化，绢英岩化出露在前寒武纪特别是长城纪和太古界中 [见图 3.12（b）、图 3.12（c）]，矽卡岩化出露在蓟县系大理岩与二叠纪侵入岩接触界线附近 [见图 3.12（d）]。Mg – OH 和 CO_3^{-2} 主要异常类型有碳酸盐化、绿泥石化和绿帘石化 [见图 3.12（e）、图 3.12（f）]、角岩化 [见图 3.12（g）] 以及阳起石 [见图 3.12（h）] 等。

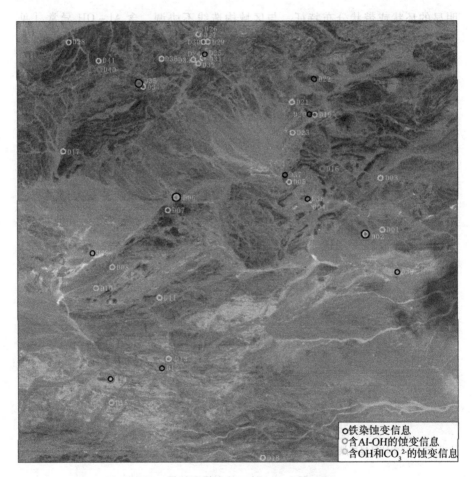

图 3.11　结合小波包变换和随机森林的蚀变信息提取野外验证点

(a) 铁染异常　　　(b) 绢英岩化　　　(c) 绢云母显微照片　　　(d) 矽卡岩

(e) 绿泥石化　　(f) 绿泥石和绿帘石显微照片　　(g) 角岩化　　　(h) 阳起石显微照片

图 3.12　部分矿物照片及薄片鉴定结果

2. 精度评价

对各小波包分解层级使用 RF 提取各蚀变信息，随着分解层级的增加，提取精度先升高后降低，在 3 层级分解时的精度达到最高，与前面选定结果一致（见表 3.7）。铁染、Al – OH 及 Mg – OH 在 3 层级分解的提取精度分别为 88.7443、85.5469 及 91.7594，Kappa 系数分别为 0.7767、0.6732 及 0.8362。可见，分解层数要根据目标矿物来确定。

表 3.7　　　　　　　　　　不同层级分解提取精度

蚀变类型	1 层分解		2 层分解		3 层分解		4 层分解	
	OA/%	Kappa	OA/%	Kappa	OA/%	Kappa	OA/%	Kappa
铁染	85.5213	0.7427	86.9313	0.7556	88.7443	0.7767	87.8423	0.7447
Al – OH	82.3239	0.7192	84.2339	0.7212	85.5469	0.7632	84.4849	0.6811
Mg – OH	87.5364	0.7522	89.1464	0.8101	91.7594	0.8362	90.8574	0.8172

六、影响因素分析

影响结合小波包变换和 RF 的蚀变信息提取准确性的因素有 FPCS 时诊断性波段的选择、先验样本集的选择、噪声干扰。

最终进行蚀变信息提取的影像为 FPCS 之后选择的主分量影像。FPCS

时诊断性波段的选择会影响提取结果，如铁染蚀变矿物有赤铁矿、褐铁矿、针铁矿、黄钾铁矾、磁铁矿、角闪石等，波谱特征会因 Fe 离子的价态及矿物质的透明程度和含水性而不同，如赤铁矿在 $0.66\mu m$ 和 $0.85\mu m$ 处有强吸收谷，对应 ASTER Band 3，而角闪石因含有大量 Fe^{2+} 而在 $2.3\mu m$ 波长处吸收谷较强，对应 ASTER Band 8，提取这两种铁染蚀变信息时需选择不同的波段组合。实际应用中应对研究区各蚀变类型进行精细划分选择波段，也可进行二次主成分分析来突出目标矿物。

监督分类法基于先验样本集，结合小波包变换和 RF 的蚀变信息提取采用 RF 分类时的样本集是基于人工样本点随机产生的不规则多边形样本区域，样本点的变化会引起分类结果的动态变异，可通过样本可分离度（TD）评估样本的可靠性。表 3.8 为 3 层分解时不同样本引起的提取精度的动态变化。铁染、Al - OH 及 Mg - OH 样本引起的提取精度波动范围分别为 3.0753、1.5499 及 3.4254，在实际应用中可采用结果投票法或者平均法来消除样本的影响。

表 3.8 不同样本的提取精度

蚀变类型	样本 1/%	样本 2/%	样本 3/%	样本 4/%	样本 5/%
铁染	88.1365	85.6876	88.7443	86.8413	88.0371
Al – OH	84.8844	85.3519	85.5469	85.2244	84.0730
Mg – OH	90.2337	89.1221	91.7594	89.1169	89.9494
蚀变类型	样本 6/%	样本 7/%	样本 8/%	样本 9/%	均值
铁染	85.6690	86.8212	86.6597	88.2136	87.20114
Al – OH	83.9970	84.4730	84.2949	84.5349	84.70893
Mg – OH	88.3340	90.9979	91.3992	88.3919	89.92272

结合小波包变换和 RF 的蚀变信息提取方法是基于像素的，岩石矿物组分的复杂性会导致提取结果噪声较多。由于矿物分布具有丛集特征，实际应用中应该考虑矿物分布的区域特征，采用基于多尺度分割的面向对象的方法进行提取。

第五节　本章小结

　　本章提出了结合小波包分解和 RF 的应用于 ASTER 数据的矿化蚀变信息提取方法。实验结果表明，在该研究区，ASTER 数据中分别选取 Band 1、Band 2、Band 3、Band 4，Band 1、Band 3、Band 4、Band 6 及 Band 1、Band 5、Band 8、Band 9 进行 FPCS，可以最大程度地增强铁染、Al – OH 基团及 Mg – OH 和 CO_3^{2-} 基团的蚀变信息。小波包分解能充分利用遥感影像中岩石的多尺度细节信息，最优小波包树剔除了冗余节点。RF 对矿物组分引起的噪声不敏感，且可筛选特征，构建最优分类向量。将野外验证点、薄片鉴定结果投影到影像上评价提取结果，混淆矩阵显示提取铁染、Al – OH基团及 Mg – OH 和 CO_3^{2-} 基团蚀变信息的总体精度分别达到 88.7443、85.5469 及 91.7594，Kappa 系数分别为 0.7767、0.6732 及 0.8362。该方法可以准确定位矿物分布。

第四章 基于特征分解的找矿预测

地质成矿主要受到地球化学特征、地层、岩浆岩体的活动、地质构造的影响，进行遥感找矿预测必须考虑这些控矿因素的遥感影像特征。利用遥感地质解译与影像处理方法探索成矿要素的空间分布及它们与成矿的关系，可为找矿预测奠定基础。矿化蚀变信息的提取、异常筛选及野外验证是建立找矿模型的关键步骤。

蚀变矿物的识别需要提取有效的特征，一些机器学习算法如 SVM、最近邻算法、RF 等提取的是浅层特征，适合于地表信息单一的情况，对于植被覆盖、岩性复杂、干扰信息众多、光谱相似、矿物较多的地区，信息表达能力不佳，导致分类算法的泛化能力较差。而深度学习算法有较强的特征表达能力，可对遥感影像进行深层特征分解，并能提取影像的颜色、纹理、光谱导数等信息；通过学习大量矿物样本，训练出矿物识别模型；最后采用逻辑叠加法确定交叉口位置，判定找矿靶区。

第一节　研究区概况

研究区位于卡提卡地区，属热带雨林气候，高温、高湿、多雨，年气温在 30℃ 以上，绝对湿度和相对湿度平均在 70% 以上。区内以丘陵地貌为主，山势陡峭，沟壑溪流发育，植被覆盖较厚，海拔多在 100 – 700m 区间。该地区地貌大致区分为丘陵和冲积平原，矿区相对高差近 600m，大部分为热带雨林密布，水系发达，水资源丰富。研究区大面积出露中生代基性和超基性侵入岩，出露少量中新生代陆缘碎屑岩，广泛分布的基性超基性岩为该区红土风化壳硅酸镍矿床的出现奠定了物质基础。区内气候炎热，雨量充沛，生化风化强烈，超基性岩块顶部发育多种程度的红土风化壳，是红土风化壳镍矿床生成的有利条件。

基于前期调查的找矿地质背景，结合影像处理和专项信息提取可生成遥感矿床定位模型，专项信息提取步骤即为模型的形成过程。经人机交互解译可精确描述遥感地质岩体、构造、矿化信息及找矿标志，结合现有地质资料，形成遥感地质找矿标志、遥感蚀变异常标志等。根据野外实测剖面，斑橄榄岩是剖面上出露最多的岩性，且为主要含矿岩体，表现出强风化、棕黄色、深黄绿色、表面坚硬等特征。由于掺杂了辉石，岩石主要由橄榄石、斜方辉石和铬尖晶石组成。铬铁矿矿体赋存于单斜辉石橄榄岩中，呈块状透镜状，两者在直接接触时有明确的接触关系。分辨率高时观察，部分铬铁矿和单斜辉石为蛇纹石化，少量泥质蚀变。斜长石橄榄岩两侧均有构造破碎带，产构造角砾岩，反映了矿床成矿演化与矿区构造的密切关系。此外，由于喜马拉雅造山运动的叠加作用，蛇绿岩套中的其他组分如辉石岩、辉长岩和其他辉石岩也有小规模的出露。矿区实测平面图见图 4.1。

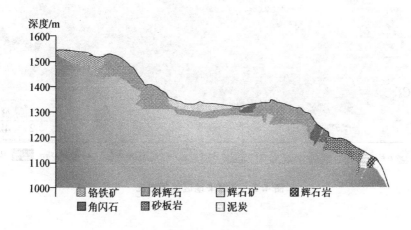

图 4.1　卡提卡地区矿床地质特征

图 4.2 为卡提卡地区地质调查图。卡提卡地区多金属矿床是该区发现的最大的矽卡岩型矿床，主要由三条矽卡岩型矿带组成，矽卡岩带出现于

中－晚三叠世花岗闪长岩与其他中小型岩体接触带及 Mismanage 群。矿床受定向断裂、中小型花岗闪长岩、Quanta 群大理岩地层接触带的综合控制。控矿断裂具有多期活动、规模较大的特点，对中小侵入岩体的产出具有明显的控制作用。矿区内矿体主要为铜、铜钼、钼、铁矿体，其次为锌、铜锌、铁锌矿体，还有一些其他不规则矿体。矿体产状以定向为主，与围岩、矽卡岩带产状基本一致。矿化蚀变分布区主要由透闪石矽卡岩、透辉石矽卡岩、透辉石石榴石矽卡岩和大理岩组成。区内蚀变以砂质化为主，其次为绿帘石、绿泥石、硅化和方解石。金属矿物主要有黄铜矿、辉铜矿、辉钼矿、斑铜矿、黄铁矿和磁铁矿。矿体长度一般为 $100m-800m$，厚度为 $2m-24.9m$，平均铜品位 w（Cu）为 $0.34\%-4.28\%$。

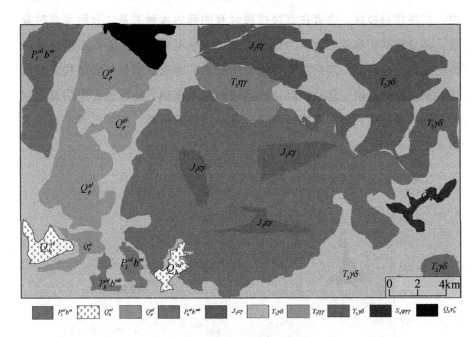

图 4.2　卡提卡地区地质概况

第二节 数据源

一、Landsat 7 ETM +

Landsat 7 号卫星于 1999 年 4 月 15 日发射升空。Landsat 7 ETM + 是 TM 专题制图仪的增强型遥感器，包含 8 个波段，与 TM 的波段、光谱特征、分辨率基本类似：扫摆式成像方式，增加了 15m 分辨率的全色波段；TIR 波段分辨率由 120m 提高至 60m；辐射定标的误差小于 5%（Band 1－4），比 Landsat 5 提高一倍。扫摆式由光机扫描，每个像元的凝视时间相对较短，难以提高光谱、空间分辨率及信噪比。Landsat 7 ETM + 在原有的内置积分球的基础上安装了升级的定标设备，为全孔径太阳定标器和局部孔径太阳定标器，可拒绝接受地表类型及大气的干扰进行可见光、近红外波段和热红外波段在轨辐射定标，提高了定标精度。星上定标及不同场地定标效果均显示了 ETM + 稳定的性能，每年变化小于 0.5%。

Landsat 7 ETM + 传感器的蓝绿色波段具有对水体进行有限透视的能力，能反射浅水层水下特征，区分土壤、植被、各种人造地物，对比分析土地用途变化等；绿波段可以鉴别植被；红色波段可测量植物绿色素吸收率，并以此区分植物分类，也能加强植被覆盖与无植被覆盖的反差；近红外波段可以增强土壤－农作物与陆地－水域之间的反差；短波红外可以探测植物含水量和土壤湿度，区分雪和云，有利于探测农作物缺水现象和分析长势；热红外波段用于热强度测定分析，可获取地表物质本身热辐射，用于热分布制图、岩石分类和地质找矿；短波红外可测到高温辐射源，如检测森林火灾、火山运动，分辨人造地物类型，用于岩系判别。Landsat 7 ETM + 传感器的主要参数及 Landsat7 ETM + 数据波段参数分别见表 4.1 及表 4.2。

表 4.1   Landsat 7 ETM + 主要参数

特征	参数
带数（全色波段）	1
带数（多峰）	6
带数（热红外）	1
辐射分辨率/bits	8
空间分辨率/m	15，30，60
线束宽度/km	183
轨道高度/km	705
赤道穿越时间	10：00 - 10：15
回访频率（天）	16

表 4.2   Landsat7 ETM + 数据波段参数

波段号	空间分辨率/m	波谱范围/μm	波段
1	30	0.45 - 0.52	蓝绿色
2	30	0.52 - 0.60	绿色
3	30	0.63 - 0.69	红色
4	30	0.76 - 0.90	近红外
5	30	1.55 - 1.75	短波红外
6	60	10.4 - 12.5	热红外
7	30	2.08 - 2.35	短波红外
8	15	0.52 - 0.90	全色波段

二、影像预处理

获得 Landsat 7 ETM + 影像一幅，在热带雨林区，有大量植被覆盖，湿度较大。该影像数据为 IG 级，原始数据已经经过解同步、解扰、解包、影像及参数提取、系统级辐射校正及系统级几何校正，预处理只需要进行地形校正和几何精校正即可。

第三节　原理及方法

一、卷积神经网络

卷积神经网络（Convolutional Neural Networks，CNN）作为经典的深度学习算法，是含有卷积运算同时包含深度结构的前馈神经网络。卷积神经网络能进行表征学习，可采用逆向传播算法训练数据，能按它的阶层结构对输入信息完成平移不变分类。早期出现的 LeNet5 网络会因训练数据的限制导致无法处理复杂的问题，后期出现的 AlexNet 框架可处理更深层次的问题，结合非线性激活函数 ReLu + Dropout 方法，在影像识别领域应用效果较好。诸多实验表明，深度对网络性能有着显著影响，网络深度和宽度的增加与非线性特征的增加成正比，可以更加近似地描述目标函数的结构，增强特征的可分性。因卷积神经网络采用梯度下降算法学习，学习数据进入卷积神经网络之前，要在通道、时间或频率维进行归一化，例如，可将像素的输入数据由 [0, 255] 归一化至 [0, 1] 区间。深度卷积神经网络的主要结构组成为输入层、卷积层、激活函数、池化层、全连接层和输出层。深度神经网络结构见图 4.3。

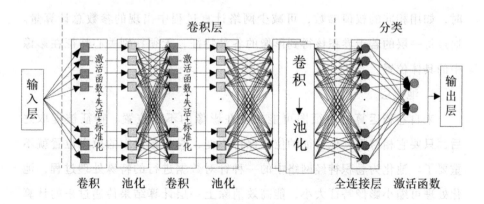

图 4.3　深度卷积神经网络结构图

1. 输入层

影像经过初步处理可作为深度卷积神经网络的数据源，经过网络训练可较好地提取专题特征。另外，若样本数量不足以训练网络，可经过样本增强，如旋转、平移、裁切、加噪、颜色改变、对比度增加等增大样本数。

2. 卷积层

卷积层可看作黑盒子，卷积运算是将输入表示成另一种形式输出，表示所需参数即是神经网络要训练的结果。卷积层包含一组卷积核（各个神经元即为核），这些核与影像的局部区域相关，即为感受野。卷积层是将影像划分成小块，即感受野，同时将其与一组特定的权重（滤波器各元素与相应的感受野元素相乘）做卷积来完成任务。影像分成小块可以提取局部特征，通过对学习获得的局部特征进行组合生成全局特征图。卷积运算可以表示为式（4.1）：

$$f_l^k(p,q) = \sum_h \sum_{x,y} i_h(x,y) \cdot e_l^k(u,v) \qquad (4.1)$$

其中，$i_h(x,y)$ 是影像第 h 通道的元素 (x,y)，$e_l^k(u,v)$ 是第 l 层第 k 个核的元素 (u,v)。k 层卷积运算的输出特征影像可以表示为式（4.2）：

$$F_l^k = [f_l^k(1,1),\cdots,f_l^k(p,q),\cdots,f_l^k(P,Q)] \qquad (4.2)$$

卷积运算的权值可以共享，同一个卷积核作用于不同的局部感受野时，如用相同的权值参数，可减少网络计算过程中出现的参数总计算量。通过每一层的若干卷积核得到影像的各种特征，无须特别关心特征在影像中的具体位置。

3. 池化层

来自卷积运算的特征图可能出现在影像的不同位置。特征被提取之后，只要它相对于其他特征的位置保持不变，它在影像中的原本位置就不重要了。池化为卷积神经网络中的一种针对数据进行的特殊处理过程，池化处理可缩小影像特征大小，能高效消除上一层计算结果传递过来的计算量大的弊端。池化或下采样是一个局部操作，它汇总了感受附近的相似信息，并输出该局部区域的主要特征。池化操作可表示为式（4.3）：

$$Z_l^k = g_p(F_l^k) \tag{4.3}$$

其中，Z_l^k表示第 k 层第 l 个输出特征图，F_l^k 为第 k 层第 l 个输入特征图，而 g_p 定义了池化操作的类型。CNN 中池化类型有最大值、平均值、L2、重叠、空间金字塔合并等。池运算有助于提取特征的组合，这些特征对于平移和轻微变形是不变的。在主要特征不变的情况下，缩小图片不仅可调节网络的复杂性，且可减少过度拟合。

4. 激活函数

神经网络中卷积和池化操作都是线性的，而实际应用中的多数样本分类时并非线性关系，所以需在网络中引入非线性元素促使网络可解决非线性问题。在卷积层中添加激活函数对卷积运算进行非线性化。激活函数本身作为决策函数非常有利于学习复杂的模式，加速学习过程。激活函数表示为式（4.4）：

$$T_l^k = g_a(F_l^k) \tag{4.4}$$

其中，F_l^k 是卷积运算结果，激活函数 g_a 作用于卷积过程，函数增加了非线性运算，并返回第 l 层的转换的输出 T_l^k。不同的激活函数，如 sigmoid、tanh、maxout、SWISH、ReLU 及 ReLU 的变体，而 leaky ReLU、ELU 和 PReLU 被用来进行特征的非线性组合。其中 ReLU 及其变体有助于克服梯度消失问题，新的激活函数 MISH 在大多数基于基准数据集的深度网络中表现得比 ReLU 更好。

5. 全连接层

全连接层中的每个神经元与其前一层的所有神经元全连接，该层通常在网络末端，用于分类任务，是全局操作，它从前一层获取输入，并全局分析前一层所有输出。最终，它将选定的特征进行非线性组合，用于数据分类。全连接层可整合卷积层或池化层中类别鲜明的局部信息，是网络中消耗参数最多的层，可被全局平均池化层代替。

6. Dropout

在神经网络中，有时学习某个非线性关系的多个连接会相互适应，这会导致过拟合。丢失数据技术（Dropout）采用网络正则化，以一定概率随机丢弃一些隐层神经元，从生成的几种稀疏网络中挑选一个权重较小的代表性网络，提高泛化性。然后，将这种选择的架构视为所有提议网络的近似。由于 Dropout 的随机性，对应着共享权值不同的网络结构。CNN 取得较好分类性能的研究都采用 ReLU + Dropout。

7. 批次归一化（Batch normalization，BN）

随着输入数据在网络中隐含层的逐级传递，其均值和标准差会有所改变，特征影像内部协方差偏移会降低收敛速度，并提高对参数初始化的要求，该现象可能会导致深度网络梯度消失。BN 引入额外学习参数，在隐含层中先完成特征标准化，然后用两个线性参数作用于特征，将其放大作为新的输入，神经网络会在学习途中更新 BN 参数。BN 参数与卷积核参数属性相同，即特征图中相同通道的像素共享同一系列 BN 参数。另外，使用 BN 时卷积层偏差项的功能由 BN 参数代替。批次归一化公式见式（4.5）：

$$N_l^k = \frac{F_l^k - \mu_\beta}{\sqrt{\sigma_\beta^2 + \varepsilon}} \tag{4.5}$$

其中，N_l^k 为归一化后的特征图，F_l^k 为输入特征图，μ_β 和 σ_β^2 分别表示小批量特征图的均值和方差，ε 扰动是为了避免被除数为零。BN 将特征图值设为零均值和单位方差来统一其分布。

8. 输出层

卷积神经网络中最后一层为输出层，它的上一层为全连接层，工作原理与前馈神经网络中的输出层相同。影像分类时，输出层基于逻辑函数或归一化指数函数输出分类标签；地物识别时，输出层可设计为输出目标的中心坐标、大小和类别；在影像语义分割时，输出层直接输出各个像素之类别归属。

二、遥感影像特征提取原理

维数变化是遥感影像采集后处理中常用的一种计算方法。由于传统的遥感影像特征提取具有多维空间分析的特点，并具有从时间和频率上提取像素特征的能力，因此，该方法可用于分析和提取遥感影像在时间和处理频率变化方面的局部特征，在遥感影像采集的后处理中得到越来越广泛的应用。传统的遥感影像采集后处理是在频率二维变化到一维空间的过程中，采用频率像素恢复分析的方法，提取出原始影像众像素主要特征的核心特征。

$R_0(\Delta t, t \geq 0)$ 用于对捕获的影像像素进行后处理。执行影像像素恢复 $f \to (r_0 f, \Delta_1 f, \Delta_2 f, \cdots)$，像素范围在不同的子带。多维空间中的子带 $\Delta_t f$ 包含了像素空间 2^{-2t} 的主要特征。在遥感影像像元恢复过程中，在像素空间为 2^{-2t} 的二维空间中设置一组 $\beta_G(\varphi_1, \varphi_2)$，通过相应的函数计算影像复原的参数，得到相似的结果集。

$$G = [\tau_1/2^t, (\tau_1 + 1)/2^t] \times [\tau_2/2^t, (\tau_2 + 1)/2^t] \tag{4.6}$$

对影像像素恢复公式 G 运行一个特定算法，随着 t 相似性分割参数 τ_1 和 τ_2 的变化，可以实现从参数到立方体级的平滑分割，并可以进一步分析影像像素的特征抽取。

$$\Delta_t f \to (\beta_G \Delta_t f)_{G \in G_2} \tag{4.7}$$

将像素 $T_G f(\varphi_1, \varphi_2) = 2^t f(2^t \varphi_1 - \tau_1, 2^t \varphi_2 - \tau_2)$ 标准化为 f，由式（4.7）计算的 G 参数为 $[0, 1]^2$。在这一阶段的计算过程中，每个计算结果被归一化为相同单位的像素特征。

$$g_G = (T_G)^{-1}(\omega_G \Delta_t f), G \in G_t \tag{4.8}$$

处理过的所有像素都要进行归一化操作，为影像融合奠定基础。在像素归一化的条件下，基本像素单元集 ζ_g 在 $L^2(R^2)$ 上形成正交基。为遥感影像的后处理设置一组像素，经过时频滤波后，所生成的高特征像素参数 f 中的任意一个都包含确定的影像恢复边界功能点，以及在像素处理过程中依据时间和频率确定的唯一点位置，边界区域的宽度可以设置为 2^{-2t}，通过对遥感影像融合后提取的脊线做分析，发现其时间和频率带宽与脊线形状相似。若其中单个像素的时间和频带被分割并且彼此重叠时，生成一个新的空集。另外，由于计算精度的提高，分割区域的边界变得越来越平行，等边界分割线段是需要输入的值。通过对遥感影像融合提取的脊线进行分析，从正交影像像素集合中提取任意计算参数。

$$g_G = \sum_{\varepsilon} \alpha(\zeta, G)\zeta_{\varepsilon} \tag{4.9}$$

式（4.9）中的计算可以将任何像素归一化到其空间位置。

$$h_G = (T_G)g_G, G \in G_t \tag{4.10}$$

式（4.10）计算结果可作为影像特征融合边界的逆运算。

$$\Delta_t f = \sum_{G \in G_t} \omega_G - h_G \tag{4.11}$$

结合式（4.11），利用影像像素重建公式重建时间和频率。

$$f = r_0(r_0 f) + \sum_{t > 0} \Delta_t(\Delta_t f) \tag{4.12}$$

第四节　遥感影像特征提取

一、遥感影像基本特征提取

由于遥感影像一般是大幅面、多目标的复杂影像，检索是对影像与目标影像局部区域相似性匹配的过程，这决定了大多数遥感影像检索任务都是面向子影像的检索，为此，必须对遥感影像进行分块。遥感影像检索与多媒体和医学影像检索有很大不同，为了保证检索精度，必须保证一定的块重叠率。重叠率是指随机抽取的所有子块的面积与影像分成一定级别的块后相同尺寸的块面积的比值的最大值。由于遥感影像检索是面向子影像的，理论上重叠率越高，检索精度越高。首先，将 3 个频率、4 个方向的 12 个滤波器与影像卷积，得到 12 个维度的纹理特征。其次，计算每个 12 维纹理特征的平均值（ϑ）和方差（χ）作为影像纹理特征，表示为：

$$F_{texture} = \{(\vartheta_1, \chi_1), (\vartheta_2, \chi_2) \cdots (\vartheta_{11}, \chi_{11}), (\vartheta_{12}, \chi_{12})\} \tag{4.13}$$

其中：

$$\vartheta = \frac{\sum_{\alpha=1}^{i} \sum_{\beta=1}^{i} H(\alpha, \beta)}{i \times i} \tag{4.14}$$

$$\chi = \sqrt{\frac{\sum_{\alpha=1}^{i}\sum_{\beta=1}^{i}(H(\alpha,\beta)-\vartheta)^2}{i\times i}} \qquad (4.15)$$

对于同一特征,即使是同一类型的遥感影像,如果在不同的时间段获取,其光谱信息也可能存在较大差异。因此,基于特征分解的找矿预测不使用每个子影像的平均值作为影像色调,而是使用每个子影像的方差和三阶矩。交叉树分解示意图如图 4.4 所示。

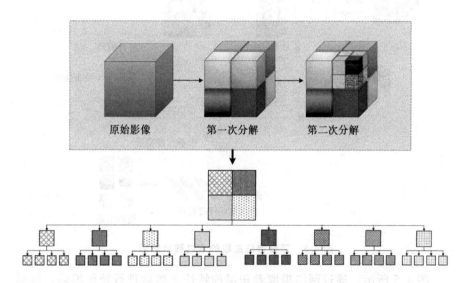

原始影像　　　第一次分解　　　第二次分解

图 4.4　交叉树分解示意图

二、遥感影像深度特征提取

由于深度特征可以描述更高层次的语义信息,并且网络模型训练后提取速度很快,因此深度特征非常适合于遥感影像检索问题。一般的深层特征提取方法是利用标注的数据对网络进行训练,得到一个训练好的网络模型,去掉最后一层用于分类,并将待提取特征的影像输入网络中。网络中的每一层都可以看作是对原始影像的特征描述。由于网络不同深度的卷积层的感受野大小不同,对应的原始影像的局部区域大小也不同,因此不同卷积层的影像提取也不同。卷积层输出的是对影像进行局部描述的特征图。因此，通常需要结合编码方法进行降维以获得特征向量，编码方法也会产生影响。全连通层的特征是一个全局描述，通常比卷积层的特征更抽象，最终输出的是一个特征向量，可以直接作为影像的全局特征。我们将这两种深度特征方法应用于遥感影像内容检索的全过程。深度特征提取的全过程示意图如图 4.5 所示。

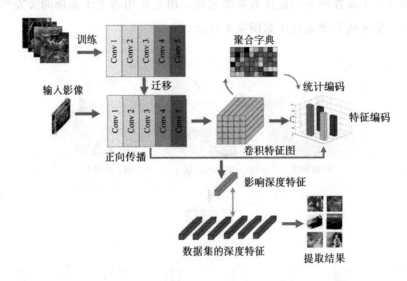

图 4.5　深度特征提取的全过程示意图

图 4.5 所示，通过网络提取卷积层的特征，然后进行特征编码，得到深度特征，通过排序得到检索结果；或者直接提取全连接层作为深度特征，然后对相似度进行度量得到检索结果，不同的层特征及网络结构会产生不同的结构特征，进而会有不同的深度特征。由于现有的网络结构是通过自然影像训练获得的，但是遥感影像具有不同于自然影像的各种视觉特征，如透视、光照、旋转等，因此需要允许网络模型提取更适合描述遥感影像的特征，要对遥感影像进行再训练和微调。基于特征分解的找矿预测从特征描述方法、不同层次的特征以及如何进行再训练和微调等方面介绍了遥感影像深度特征提取方法，同时提出了一种多尺度深度特征提取模型。在后续的实验中将详细分析不同网络结构对遥感影像深度特征的影响。

　　图4.6为池计算的示意图，输出特征图中的每个像素的值是通过对输入层的局部区域进行卷积运算得到的，因此每个像素值都是对上一层局部区域的描述，可以逐层对应于原始影像的感受野，如图4.6（a）所示。每个特征影像的大小由输入影像大小和滤波器大小决定，输出特征影像通道的数目由网络结构设计时确定的卷积核数决定，卷积层越深，对应于原始影像区域的感受野越大。因此，层数越深，卷积层特征的提取越强，描述的特征将从结构等细节信息转化为更高层次的语义信息。

　　由于全连通层是向量和矩阵的乘法运算，在网络结构确定后，要求输入影像的大小是固定的，但这一要求忽略了输入目标的大小，因此，池采用空间金字塔模型。如图4.6（b）所示，空间金字塔方法用于对不同大小的窗口执行池操作，SPP层根据输入特征影像的大小动态调整池窗口的大小和步长，使原始输入影像的大小不受网络结构的限制，同时可以获得更丰富的空间信息的卷积特征。

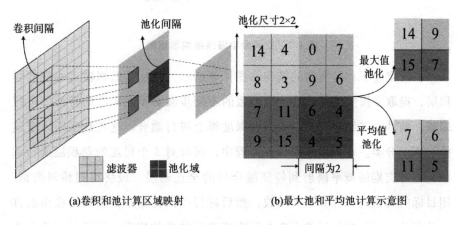

(a)卷积和池计算区域映射　　　　　　　　(b)最大池和平均池计算示意图

图4.6　池计算示意图

　　微调后的网络能够提取出描述遥感影像高层语义信息的深层特征。实验表明，将该特征用于基于内容的遥感影像检索，可以获得优于以往方法的结果。图4.7显示了总体的微调步骤和使用微调的网络模型提取特性并使用它们进行检索的步骤。

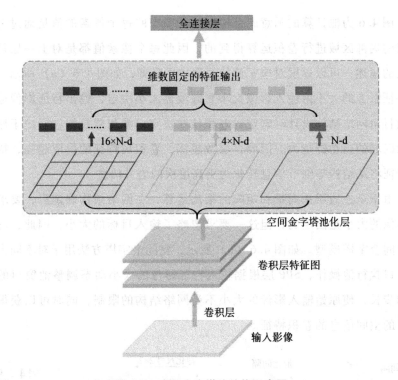

图 4.7 空间金字塔池结构示意图

多尺度卷积神经网络的结构如图 4.8 所示。将这些数据输入相应的卷积层，提取多尺度特征，通过池函数的不同步骤对不同尺度的特征图进行缩减，使其在二维上保持一致，在深度维上进行融合。这些数据输入全连接层用于分类。在网络模型训练过程中，同时对 3 个尺度的卷积层进行训练，将各类别的概率映射到特征融合后的全连通层，最终得到预测类别。用目标的真值统一计算损失函数，然后进行反向传播以更新每个模型组件中的参数。网络整体误差由 3 个尺度滚动层的参数决定，保证了基于分类结果的不同尺度特征的有效作用，提高了整个网络的泛化性能。

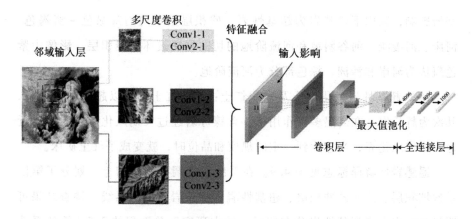

图 4.8 多尺度卷积神经网络的结构

第五节 结果分析

一、遥感岩性解译

该区岩性相对单一，以基性超基性岩为主，含少量碎屑岩和碳酸盐岩。参考研究区地质资料，结合红土镍矿的成矿有机质特征，建立了富矿红土层岩性单元及解译标志。

（1）超基性岩：以蛇纹石、纯橄榄岩为主，分布广泛，为红土镍矿的母岩。影像显示块状构造，山体宽阔，山脊呈圆形和次棱角状，坡沟发育，方向性不明显，多表现为自由起伏状，影像的颜色主要是深灰色和绿色。

（2）辉长岩：辉长岩与超基性岩伴生，相对分散，是红土镍矿化的次生母岩。在影像中，地形相对平缓、不平，呈现细密、斑点状及淡黄绿色。

（3）第四系残坡积、第四系洪水、冲积层：分布于山前缓坡地和河滩地，多为原地残积，因河流下切侵蚀，残坡积层多被侵蚀。影像显示了一个平缓的地形，上面有均匀的细斑点纹理（由森林树冠造成），遭到下伏基岩影响，区内下伏基岩为超基性岩，残积层呈不均匀灰绿色－黄褐色。河床、河漫滩、河谷斜坡和河流阶地的切割侵蚀破坏了残积层，影像中紫色斑块为河岸和沙洲，棕色部分为河流阶地。

（4）超基性岩风化红土及残积红土：含镍红土母岩以超基性岩为主，其次为辉长岩。在高温多雨作用下，含镍母岩经过长期风化，在地表或近地表形成风化壳，当它达到一定的规模和品位时，就变成了红土矿床。

遥感岩性解译标志见图 4.9。在系统地质调查的基础上，划分了第四系残坡积层、第四系冲积层、超基性岩和辉长岩的地层界线。调查结果可明显判断出本区超基性岩分布广泛，约占研究区总面积的 3/5，第四系残积、第四系冲积物主要出现在研究区西北部，约占研究区面积的 2/5，少量辉长岩分布于研究区西南部。

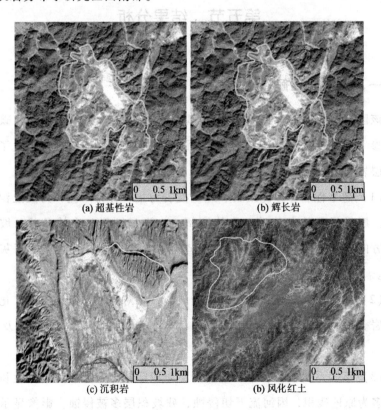

(a) 超基性岩   (b) 辉长岩

(c) 沉积岩   (b) 风化红土

图 4.9　遥感岩性解释标志

二、遥感矿物解译

遥感蚀变信息筛选的核心工作是将遥感地质解译信息与地质、地球物理、地球化学资料相结合，它主要消除了一些人为因素形成的干扰异常，保留了侵入岩和线性构造集中地区的蚀变信息。主成分分析的特征向量如表4.3所示。

表4.3　　　　　　　　　　主成分分析的特征向量矩阵

特征向量	EMT1	EMT4	EMT5	EMT7
PCA1	−0.945371	−0.288382	0.028386	0.154463
PCA2	0.211786	−0.842165	−0.298156	−0.406056
PCA3	−0.016953	−0.197618	−0.938386	−0.287532
PCA4	0.271382	−0.423713	0.178872	−0.852217

主成分分析见表4.4。通过对比分析及筛选，蚀变异常大多分布在侵入岩体接触带、矽卡岩带或断裂带。通过野外调查，异常分布带地表矽卡岩、绿泥石化、微矿化发育，部分地区已探明矽卡岩型铅锌成矿线索。区内零星分布有矽卡岩型含矿地层奥陶系志留系塔尼沙群碳酸盐岩段，呈现浅灰白色，颜色均匀，山脊线平直，水系密度中等，条状颗粒，山体稍高，山脊线或陡崖地形明显，河谷多缓，层状特征鲜明，NWW向分布，斑块和斑点不明显。基于主成分向量特征的矿物含量分布对比如图4.10所示。

表4.4　　　　　　　　　　主分量信息表

主分量	最小值	最大值	均值	标准差
PCA4	−22.384887	36.536992	0.000000	9.807852

蚀变信息提取方法基于crosta技术，利用多波段光谱信息，通过正交变换将信息由强到弱排序。根据蚀变矿物光谱特征，选择主成分分析更有利于从遥感影像中提取微弱的地质信息。根据有关地质资料，铬矿区蚀变矿物主要有蛇纹石化等含羟基矿物和磁铁矿、铬矿等铁染蚀变，在分析主要蚀变矿物光谱特征的前提下，选取蚀变矿物诊断性波段进行主成分分

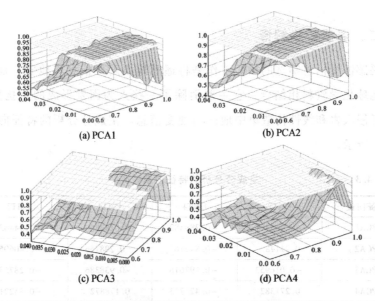

(a) PCA1　　　　　　　(b) PCA2

(c) PCA3　　　　　　　(d) PCA4

图 4.10　基于主分量特征的矿物含量分布对比

析。由于蛇纹石光谱诊断范围为 $2.3\mu m$，最小光谱分辨率低于 $0.1\mu m$，因此很难准确地检测出 ETM + 中蛇纹石光谱特征。但是，蛇纹石色调在高空间分辨率影像中比较突出，可作为解译标志。矿物遥感解译现场验证见图4.11，不同矿物的定位精度和召回率对比见图 4.12。

(a) 橄榄石　　　　　(b) 蛇纹石矿　　　　　(c) 铬铁矿

(d) 单斜辉石　　　　(e) 橄榄岩　　　　　(f) 豆形铬铁

图 4.11　野外验证图

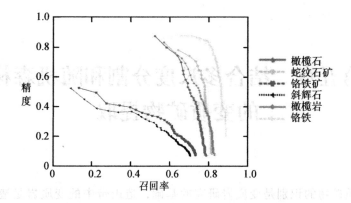

图 4.12 不同矿物的定位精度和召回率对比图

第六节 本章小结

本章提出了一种基于遥感影像深度分解的找矿预测方法,利用 LandSat 7 ETM + 影像提取某矿床的控矿因素;通过对研究区金属矿床有机质特征的分析,利用遥感数据所显示的颜色、形状、纹理等影像形态,充分挖掘数据,运用数学、影像处理等技术,综合确定找矿靶区;对提取的颜色特征、纹理特征等要素进行了综合分析,运用模糊数学的理论,采用逻辑叠加分析法求出交会点,以交会位置为遥感找矿靶区,为矿区外围勘探和矿床定位提供可靠依据。

第五章　结合多尺度分割和随机森林的变质矿物提取

变质矿物的识别是变质岩研究的基础，造山带中的变质岩是造山带不同演化阶段动力学过程的直接记录，其中，中－低压变质带的分布是研究造山过程和地壳演化等地球科学问题的重要参考依据。矿物信息在遥感影像上表现为弱信息，利用反射带和吸收带的比值，可增强各地质信息之间的光谱差异。可根据各矿物的特征性光谱特征，选择合适的影像波段进行比值增强。矿物的光谱相似性、变质矿物与主要造岩矿物的混合性，导致基于光谱特征提取变质矿物噪声较多，利用遥感影像上变质矿物块状或条带状分布特征，使用面向对象思想，通过多尺度分割得到影像的光谱、形状、大小、色调、纹理等特征相似的对象块，提高变质矿物提取精度。以ASTER数据为研究对象，利用波段比值增强各变质矿物的光谱特征；结合光谱特征和变差函数纹理进行多尺度分割；再利用RF提取变质矿物；最后，通过野外调查进行精度验证，旨在为变质带的遥感解译提供技术参考，为填图工作奠定基础。

第一节　研究区概况

本章研究区位于甘肃省玉门市地区，与第三章研究区影像一致。出露的主要地层有晚太古界、长城系、蓟县系、石炭系、二叠系、侏罗系、白垩系和第四系。发育有石炭纪和二叠纪中酸性侵入岩。其中，晚太古界主要岩性组合为（云母）石英片岩、（石榴石、黑云母、白云母）斜长片麻岩、（石榴石、黑云母）斜长角闪片麻岩、二长片麻岩、斜长变粒岩、钠长绿帘绿泥片岩和大理岩等；长城系主要岩性为大理岩、石英岩、长石石英岩和绿泥石石英千枚岩等；蓟县系主要为大理岩，局部见蛇纹石、透辉石和阳起石化；石炭系和二叠系主要为浅变质碎屑岩，局部可见绿泥石化，石炭系碎屑岩中夹少量灰岩；侏罗系和白垩系主要为未变质的陆源碎屑岩沉积。

第二节　结合多尺度分割和随机森林的变质矿物提取

一、结合多尺度分割和随机森林的变质矿物提取流程

因矿物具有丛集特征，基于面向对象思想，采用多尺度分割和 RF 分类法提取变质矿物。对预处理之后的影像进行比值运算，得到各矿物增强影像；选取矿物特征，构造分类特征向量；利用 RF 筛选特征并提取矿物；野外采样、薄片鉴定，通过鉴定结果对矿物提取结果进行精度评价。结合多尺度分割和随机森林的变质矿物提取流程如图 5.1 所示。

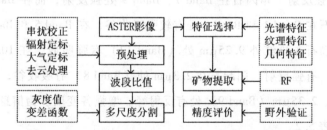

图 5.1　结合多尺度分割和随机森林的变质矿物提取流程

二、变质矿物光谱特征

研究区需提取的标志性矿物为黑云母（Bi）、白云母（Mus）、角闪石（Am）、绿泥石（Chl）、石榴石（Gt）、阳起石（Act）。参考美国地质调查局（USGS）矿物的波谱曲线，获得各类不同变质矿物的吸收谱带与 ASTER 波段的对应关系表（见表 5.1）。

表 5.1　　　　变质矿物的吸收谱带与 ASTER 波段的对应关系

矿物	B1	B2	B3	B4	B5	B6	B7
黑云母							
白云母	强吸				高反	强吸	高反
角闪石							高反
绿泥石	强吸				高反		
石榴石							
阳起石						高反	
矿物	B8	B9	B10	B11	B12	B13	B14
黑云母			高反	强吸	高反		
白云母							
角闪石	强吸	高反					
绿泥石	强吸	高反					
石榴石					强吸	高反	
阳起石	强吸	高反					

　　黑云母在 8.6μm 处（Band 11）强吸收，在 8.0μm（Band 10）和 9.0μm 处（Band 12）强反射。白云母在 Band 1 和 Band 6 强吸收，在 Band 5 和 Band 7 强反射。角闪石在 Band 7、Band 9 处强反射，而在 Band 8 强吸收。绿泥石在 Band 1 和 Band 8 处有较强吸收谷，在 Band 5 和 Band 9 有强反射。石榴石在热红外 9.25μm 处（Band 12）有强吸收，在 10.21μm 处（Band 13）有强反射。阳起石在 2.3μm 处（Band 8）有吸收谷，在 2.2μm（Band 6）、2.35μm（Band 9）处有反射峰。增强各变质矿物信息的波段比值公式见表 5.2。

表 5.2　　　　增强各变质矿物信息的波段比值公式

矿物	黑云母	白云母	角闪石
比值公式	$(b12 + b10) / b11$	$(b5 + b7) / b6$	$(b6 + b9) / (b8 + b7)$
矿物	绿泥石	石榴石	阳起石
比值公式	$(b1 + b9) / b8$	$b13/b12$	$(b6 + b9) / b8$

　　经过比值运算，在目标矿物增强的同时，其他光谱相似矿物的信息也增强了（见图 5.2）。$(b12 + b10) / b11$ 同时增强了黑云母信息和中基性斜

长石矿物信息；$(b5+b7)$ /$b6$ 增强了白云母及高岭土等黏土矿物信息，对伊利石、蒙脱石等亦有增强；$(b6+b9)$ / $(b8+b7)$ 增强了黑云母和角闪石信息，含绿泥石的变质岩也呈现高值特征；$(b1+b9)$ /$b8$ 增强了绿泥石信息，对碳酸盐岩矿物也有较好的区分作用；$b13/b12$ 在增强石榴石信息的同时，突出了碱性长石族矿物；$(b6+b9)$ /$b8$ 可增强阳起石信息，也能突出黑云母、角闪石信息。另外，不同岩性所含矿物成分百分比不同，导致比值运算结果有较多不确定信息。但是，增强影像依然可为后续工作提供数据基础。

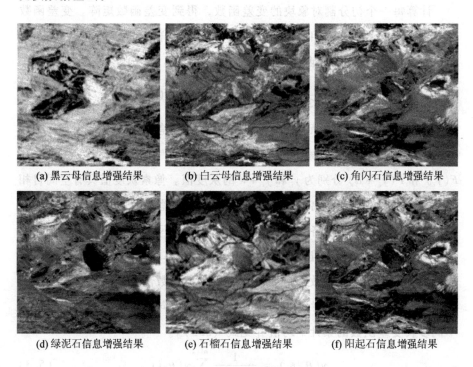

(a) 黑云母信息增强结果　　(b) 白云母信息增强结果　　(c) 角闪石信息增强结果

(d) 绿泥石信息增强结果　　(e) 石榴石信息增强结果　　(f) 阳起石信息增强结果

图 5.2　比值运算影像增强结果

三、基于变差函数的多尺度分割

比值法增强的影像有很多伪信息，需进一步处理。因矿物信息多呈块状和条带状，可采用面向对象的分析法进行提取。面向对象特征提取的基础是影像分割，其目的是将影像分割成若干均匀的区域。影像分割需指定尺度参数来控制对象的大小，多尺度策略较单尺度参数更能满足分割的需要。较为有效的多尺度策略是先给定一个尺度参数进行过分割，然后使用区域合并分割结果，合并的约束条件为变差函数，当评估结果最优时停止合并。因比值影像为单波段影像，进行初分割时，区域合并的依据为光谱相似性，$D(X, Y)$ 为两个相邻区域 X 和 Y 的平均灰度的欧式距离（见式 5.1），n、m 分别为 X、Y 区域的像素总数。

$$D(X, Y) = \frac{1}{n} \sum_{i=1}^{n} x_i - \frac{1}{m} \sum_{j=1}^{m} y_j \tag{5.1}$$

计算每一个初分割对象块的变差函数，得到变差函数矩阵。变差函数可描述影像像素的空间相关性和变异性，提取更详细的纹理信息，有三个参数：方向 θ、步长 d、窗口大小 α，可表示为式（5.2）。

$$\gamma(\theta, d) = \frac{1}{2N(\theta, d)} \sum_{i=1}^{N(\theta, d)} \left[F(y_i) - F(y_i + d) \right]^2 \tag{5.2}$$

其中，$\gamma(\theta, d)$ 为像元在方向 θ 步长为 d 的变差函数；$N(\theta, d)$ 为影像在 θ 方向的步长为 d 的像素对的数量，θ 取 $0°$、$45°$、$90°$、$135°$ 四个方向；$F(y_i)$ 和 $F(y_i + d)$ 分别为 y_i 和 $y_i + d$ 的灰度值。像素灰度值具有空间自相关性，自相关性随着距离的增大而变小，所以变差函数的步长 d 不应超过窗口大小 α 的一半。因各对象块为不规则形状，不使用传统的 $a \times a$ 移动窗口，而是以各对象块覆盖范围作为各自的计算窗口。步长 d 的上限设为不规则对象块各方向像素数（α）的一半，即去掉小数部分保留整数部分（用 $\lfloor \alpha \rfloor$ 表示）。因不规则对象块的各方向变差函数向量维数不同，取各方向不同步长变差函数的累计平均值 [见式（5.3）]。

$$\gamma(\theta, *) = \frac{1}{\lfloor \alpha \rfloor / 2} \sum_{i=1}^{\lfloor \alpha \rfloor / 2} \gamma(\theta, i) \tag{5.3}$$

将各方向变差函数累计平均值顺序连接得到最终纹理特征向量 [见式（5.4）]。

$$T = t(\gamma(0°, *), \gamma(45°, *), \gamma(90°, *), \gamma(135°, *)) \tag{5.4}$$

设两个相邻对象块纹理向量分别为 γ_a 和 γ_b，通过卡方距离 [见式（5.5）] 来评价两块的相似度，当距离小于设定值时合并这两块。其中，n

为变差函数向量的维度，这里 $n = 4$。

$$\chi^2(\gamma_\alpha, \gamma_b) = \sum_{i=1}^{n} \frac{(\gamma_\alpha^i - \gamma_b^i)^2}{(\gamma_\alpha^i + \gamma_b^i)} \qquad (5.5)$$

通过 GS（global scare）指数选择最优多尺度分割结果，当 GS 指数最小时，分割效果最优。基于变差函数纹理的多尺度分割流程（见图 5.3）如下：

（1）对目标矿物增强之后的影像进行单尺度分割。从左上角到右下角遍历影像，相邻像素灰度距离小于 0.002 时合并两区域，循环遍历，直到达到尺度限制。分割尺度参数设为 0.2，紧致度参数设为 0.5，形状参数设为 0.1。

（2）遍历初分割之后的影像，计算各对象块的变差函数纹理，构造整体影像的变差函数矩阵。

（3）遍历各对象块，计算当前对象块和相邻对象块的纹理相似性，当两个纹理向量的卡方距离小于 0.0003 时，合并两对象块，修改矩阵标识。循环执行，直到选定最优分割结果。

（4）计算每次合并之后的整体影像的 GS 值，记录 GS 值的变化趋势，输出 GS 值最小时的分割结果。

随着多尺度分割过程中合并次数增多，各分割结果的 GS 值均呈现出最小值（见图 5.4）。黑云母、白云母、角闪石、绿泥石、石榴石、阳起石分别经过 1 次、5 次、6 次、4 次、1 次、2 次合并，GS 值最小，GS 值最小时的分割结果即为最优分割结果（见图 5.5）。增强黑云母和石榴石信息时采用了 ASTER 热红外波段影像，热红外波段分辨率较低，影像分割收敛更快。

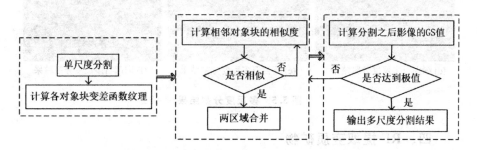

图 5.3　基于变差函数纹理的多尺度分割流程

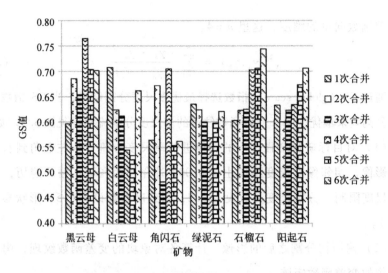

图 5.4 多尺度分割过程 GS 值变化趋势

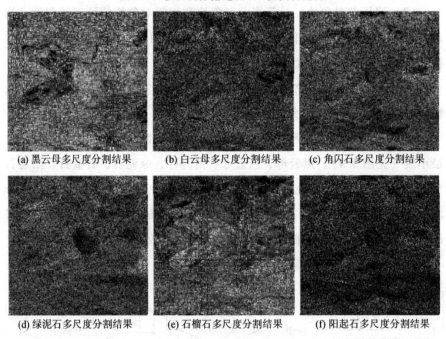

(a) 黑云母多尺度分割结果　　(b) 白云母多尺度分割结果　　(c) 角闪石多尺度分割结果

(d) 绿泥石多尺度分割结果　　(e) 石榴石多尺度分割结果　　(f) 阳起石多尺度分割结果

图 5.5 多尺度分割结果

四、RF 提取变质矿物

根据野外调查和目视解译结果，选择目标矿物对象作为样本集。7 类矿物样本数见表 5.3，每一类样本集的 2/3 用于分类，1/3 用于精度验证。因角闪石分布较为分散、覆盖面积大，选择的样本最多；而石榴石和阳起石只有少量出现，选择的样本较少。

表 5.3　　　结合多尺度分割和随机森林的变质矿物提取矿物样本

矿物	黑云母	白云母	角闪石	绿泥石	石榴石	阳起石
样本数（个）	1577	1348	1945	1403	912	832

RF 通过集成多个弱分类器（树），采用平均或投票法得到最终分类结果，精度和泛化能力较高，善于处理高维数据。结合多尺度分割和随机森林的变质矿物提取方法中 RF 特征数量选输入变量总数的平方根，决策树数量的上限设置为 500。根据已有地质资料，以多尺度分割之后的各对象块为单位选择特征，共选出 3 类 9 个维度：

（1）光谱特征：各矿物在 ASTER 影像的光谱范围具有特征性光谱特征，选择各对象块的平均灰度（Sp）及标准差（De）作为光谱特征。

（2）纹理特征：选择各对象块的变差函数纹理 4 个（Va1、Va2、Va3、Va4 分别代表 0°、45°、90°、135°变差函数纹理）作为纹理特征。

（3）几何特征：选择面积特征（Ar）、形状指数（Sh）、走向特征（Tr）。Ar 是指各对象块的像素总数（T）。Sh 是指：$Sh = \dfrac{l}{4\sqrt{T}}$，其中，$l$ 为对象块的边缘长度，T 为各对象块像素总和。矿物分布具有丛集性，Tr 能标志矿物的分布情况，Tr 选多个特征向量中特征值较大的向量方向。

利用 RF 筛选特征，根据重要性排序，降低特征空间维度。通过 OOB 检测误差率，进行特征的重要程度归一化排名（见图 5.6）。由于比值运算增强了各矿物的光谱特征，光谱特征的重要程度最高；变差函数统计了地质体空间相关性，研究区在 45°方向的区域化变量的相关性最强；岩石由多个矿物组分，岩性分布多为条带状或块状分布，面积大小较大程度影响分类结果。所以，最终选择 Sp、Va2 及 Ar 3 个特征量进行矿物提取。

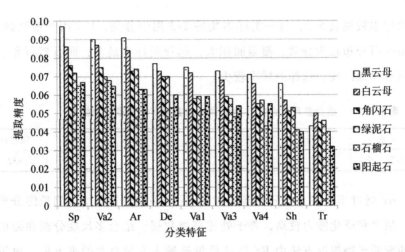

图 5.6 结合多尺度分割和随机森林的变质矿物提取分类特征重要程度排名

为每个训练集构建验证树（从 50 到 500，步长为 50）。通过 OOB 进行精度验证，各矿物提取精度最高时，对应的树数都不同（见图 5.7）。黑云母、白云母、角闪石、绿泥石、石榴石、阳起石精度最高为 0.8404、0.7914、0.7634、0.6836、0.6791、0.6165，精度最高时对应的数的棵树分别为 350 棵、300 棵、50 棵、200 棵、100 棵、50 棵。树数对矿物提取精度的影响在可控范围之内，从 50 棵到 500 棵引起的精度变化最大的是石榴石，精度变化幅度为 0.0471，最小的是阳起石，变化幅度为 0.0177。

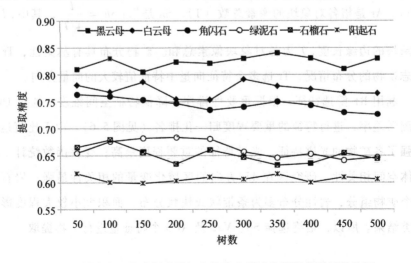

图 5.7 结合多尺度分割和随机森林的变质矿物提取分类树数选择

五、结果评价

1. 提取结果

变质矿物提取结果（见图5.8）主要分布在晚太古代变质地层中，与实际地质情况吻合。结果显示，黑云母主要分布在西北部和西南部的晚太古代变质地层中，相关岩性有黑云斜长片麻岩、二云斜长片麻岩、二云二长片麻岩、斜长角闪岩、二云石英片岩和黑云母大理岩等。白云母主要分布在晚太古代变质岩区，少量出现在二叠纪花岗岩区，相关岩性有石榴石白云母斜长片麻岩、二云斜长片麻岩、二云石英片岩和含白云母石英岩等。角闪石主要分布在晚太古代斜长角闪岩和斜长角闪片麻岩区域，少量在蓟县系大理岩区。绿泥石矿物信息主要在晚太古代钠长绿帘绿泥片岩和黑云斜长片麻岩中，少量出现在长城纪绿泥石千枚岩和二叠纪的钠长绿泥石英千枚岩中。石榴石矿物只出现在西北部的晚太古代地层中，主要赋存于石榴石白云母斜长片麻岩和石榴黑云斜长片麻岩中。阳起石仅在蓟县系蛇纹透辉白云质大理岩中有零星分布。

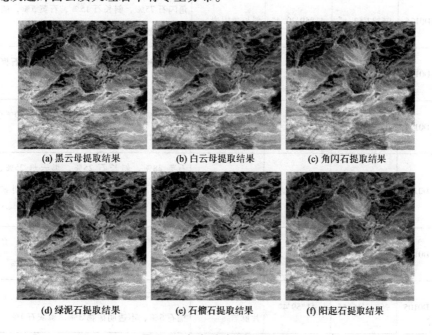

(a) 黑云母提取结果　　　(b) 白云母提取结果　　　(c) 角闪石提取结果

(d) 绿泥石提取结果　　　(e) 石榴石提取结果　　　(f) 阳起石提取结果

图5.8　各变质矿物提取结果

2. 精度评价

进行两次精度评价，第一次通过 OOB 计算精度，评价算法稳定性并筛选树数；第二次通过野外实地调查、采样、薄片鉴定得到矿物鉴定结果，用混淆矩阵评价矿物提取精度，分别统计制图精度（PA）、用户精度（UA）、总精度（OA）和 Kappa 系数。

通过野外调查、采样和实验室薄片鉴定等步骤，对结合多尺度分割和随机森林提取的变质矿物结果进行精度评价。由于野外勘查条件限制，实际采样点未能均匀分布在矿物显现区，根据岩性分布情况进行了补充采样。部分样品薄片鉴定结果见表 5.4 和图 5.9。

表 5.4   部分样品薄片鉴定结果

样号	采样位置		岩性	矿物成分
	经度	纬度		
D0158	96°32′13.1″	41°59′41.4″	钠长绿帘绿泥片岩	石英 48%，长石 25%，绿泥石 12%，绿帘石 8%，黑云母 3%，榍石 4%
D0126	96°32′53.1″	41°59′20.4″	斜长角闪岩	角闪石 75%，斜长石 15%，石英 5%，碳酸盐矿物 4%，不透明矿物 1%
D0123	96°32′56.6″	41°59′19.5″	石榴石白云母斜长片麻岩	白云母 30%，长石 62%，石英 5%，石榴石 3%
D0121	96°32′57.6″	41°59′19.3″	黑云斜长片麻岩	石英 45%，斜长石 33%，黑云母 20%，角闪石 2%
D0117	96°33′8.2″	41°59′17.8″	黑云斜长片麻岩	石英 28%，斜长石 25%，黑云母 25%，绿泥石 15%，钾长石 5%，不透明矿物 2%
D0107	96°33′16.8″	41°59′7.5″	英云闪长岩	石英 42%，长石 34%，黑云母 12%，角闪石 8%，碳酸盐矿物 2%，绢云母 2%
D0105	96°33′16.6″	41°59′4″	石榴黑云斜长片麻岩	石英 50%，长石 31%，黑云母 10%，石榴石 5%，不透明矿物 3%，磷灰石 1%

续表

样号	采样位置		岩性	矿物成分
	经度	纬度		
D0103	96°33′16.3″	41°59′3″	石榴石黑云斜长片麻岩	石英40%，斜长石30%，钾长石7%，黑云母12%，石榴石3%
D1125	96°31′36.8″	41°57′24.3″	蛇纹透辉白云质大理岩	方解石49%，透辉石32%，蛇纹石14%，阳起石5%
D0901	96°40′47.7″	41°55′39.2″	钠长绿泥石英千枚岩	石英32%，斜长石16%，绿泥石48%，绿帘石4%
D0420	96°34′35.6″	41°52′36.5″	斜长角闪岩	斜长石55%，角闪石30%，石英10%，黑云母3%，绿帘石2%
D0426	96°34′34.5″	41°52′29″	二云石英片岩	石英50%，白云母30%，黑云母20%
D0450	96°34′14.9″	41°51′38.6″	斜长角闪片麻岩	斜长石35%，角闪石55%，绿帘石5%，石英5%
D1007	96°30′44.9″	41°50′45.1″	二云二长片麻岩	钾长石30%，斜长石25%，石英27%，黑云母14%，白云母4%
D0055	96°33′49″	41°50′6.3″	黑云斜长片麻岩	斜长石38%，石英35%，黑云母20%，白云母3%，绿泥石4%
D0113	96°34′19.3″	41°51′46″	斜长角闪片麻岩	角闪石45%，钠长石37%，微斜长石10%，石英5%，辉石2%，不透明矿物1%

　　结合多尺度分割和随机森林提取的变质矿物精度评价结果见表5.5。提取精度较高的为黑云母、白云母、角闪石，较低的为绿泥石、石榴石、阳起石。黑云母在黑云母大理岩及黑云斜长片麻岩中含量最高可达20%，且分布较广，实际采样点多覆盖在这些岩性上，总体精度为85.4088%，Kappa系数为0.7779。白云母在石榴石白云母斜长片麻岩及二云石英片岩中含量最高可达30%，二云斜长片麻岩中含量也达到了10%，提取精度为

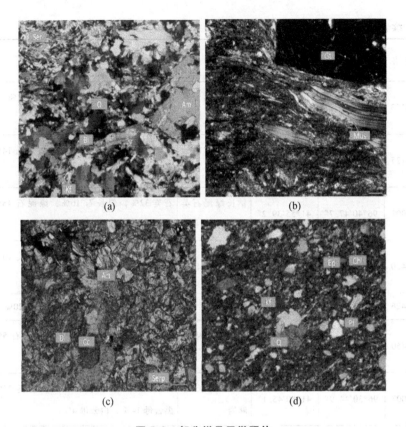

图 5.9   部分样品显微照片

Q-石英，Pl-斜长石，Kf-钾长石，Ser-绢云母，Am-角闪石，Q-石英，Bi-黑云母，Di-透辉石，Act-阳起石，Serp-蛇纹石，Cc-碳酸盐矿物，Mus-白云母，Gt-石榴石，Chl-绿泥石，Ep-绿帘石

84.7640，Kappa 系数为 0.7833。角闪石在斜长角闪岩中含量最高可达到 75%，斜长角闪片麻岩中含量最高可达到 55%，矿物特征较为鲜明，提取精度为 85.7308，Kappa 系数为 0.7748。绿泥石在绿泥石英千枚岩、含绢云母石英岩、斜长角闪岩和斜长角闪片麻岩等岩性中均有体现，但含量一般不超过 15%（仅在极少量的钠长绿泥石英千枚岩中含量达到了 48%），因此，容易被其他高含量矿物干扰，提取精度为 70.6933，Kappa 系数为 0.5938。石榴石在石榴石黑云斜长片麻岩中含量为 5%，在石榴石白云母斜长片麻岩中含量为 3%，在其他岩性中均未出现，所以提取时样本训练

程度不足导致它的总体精度仅为 65.5992，Kappa 系数为 0.5462。阳起石仅在蛇纹透辉白云质大理岩中出现了 5%，提取精度为 66.7509，Kappa 系数为 0.5560。

表 5.5　结合多尺度分割和随机森林提取的变质矿物精度评价

矿物	RF			
	PA/%	UA/%	OA/%	Kappa
黑云母	80.95	78.64	85.4088	0.7779
白云母	83.35	75.60	84.7640	0.7833
角闪石	79.74	77.55	85.7308	0.7748
绿泥石	68.74	63.76	70.6933	0.5938
石榴石	58.42	58.43	65.5992	0.5462
阳起石	59.61	64.41	66.7509	0.5560

第三节　本章小结

本章根据变质矿物的特征性光谱特征进行比值运算增强 ASTER 影像，并基于光谱特征和变差函数纹理进行多尺度分割，然后通过 RF 提取变质矿物信息，最后经过野外验证进行精度评价。结果表明，黑云母、白云母、角闪石等在 ASTER 影像上具有鉴定性特征，提取精度可分别达到 85.4088%、84.7640%、85.7308%；而绿泥石、石榴石、阳起石作为次要矿物，鉴定时被主要造岩矿物干扰，提取精度达到 60% 以上。

基于野外调查和 ASTER 影像处理进行变质矿物的提取可有效提高变质岩野外调查效率和精度。结合多尺度分割和随机森林的变质矿物提取法可较为准确地鉴定 ASTER 的变质矿物；可为其他遥感影像提取矿物提供借鉴；也可作为辅助地质调查的有效手段。与其他类似研究相比，基于变差函数的多尺度分割能增强形态特征对矿物信息的区分能力；RF 对训练数据的统计假设少，对矿物混合导致的噪声不敏感、分类变异性低，对多种矿物组成的岩性具有较强的分析能力。

第六章 结合多尺度岩性分类及矿物
提取的岩性填图

岩性填图方法是遥感影像地质应用的主要研究方向之一。遥感岩性解译的主要依据为岩性光谱及纹理特征，特征性光谱可以直接区分造岩矿物，造岩矿物进行组合可以辅助识别不同的岩性，纹理可以间接区分岩性。学者利用遥感技术开展了大量的基础地质调查和矿产勘查工作，岩性识别及填图取得了一系列成果。

ASTER 影像的高空间分辨率（14 个波段）有利于更精细的岩性识别及分类。在短波红外波段，含 OH 的层状硅酸盐矿物及碳酸盐矿物呈现可鉴定的光谱特征，而在热红外波段，石英、方解石等重要造岩矿物具有鉴定性光谱特征。采用有效的机器学习算法进行遥感影像岩性自动分类，可以提高填图效率。最大似然法是常用的岩性分类方法，而支持向量机（SVM）在小样本及训练数据非正态分布的情况下性能更优，采用 SVM 进行岩性分类具有更高的分类精度和较低的不确定性，SVM 已成功地应用于遥感影像分类。但是，已有方法并没有对岩性进行多尺度细化分析，也没有考虑矿物组成成分引起的填图结果的不确定性，因此，探索适用于遥感影像的稳定的岩性填图方法是遥感地质应用急需解决的问题。

基于 ASTER 的岩性填图多侧重于应用光谱特征，利用波段比值、假彩色合成及匹配滤波法等影像处理技术，识别部分岩性，如花岗岩类、碳酸盐类等；或者提取主要造岩矿物，如白云母、方解石、石英等，并据此完成填图工作。基于 ASTER 影像的光谱特征进行岩性分类将像素视为独立的对象，没有考虑像素的邻域信息，而岩性的纹理特征描述了像素的邻域关系，有助于提高分类性能。常用的岩性纹理特征提取方法有灰度共生矩阵

（GLCM）、变差函数及小波变换法等。在遥感影像中，不同岩性单元由于矿物组成、后期蚀变和风化等导致岩性的坡向、形态及粗糙度等的差异，表现出明显的多尺度纹理特征，而小波变换是有效的多尺度分析工具，能更好地表现遥感影像的局部特征，因此，可将小波变换提取的纹理特征结合到光谱特征中进行岩性分类。另外，采用投票法选择岩性分类结果可以避免因样本的空间变异性引起的分类结果的动态变化，使得结果更具有统计意义。本章利用 ASTER 数据的小波纹理特征及光谱特征建立多维特征空间，采用 SVM 和投票法进行岩性分类，再结合矿物提取结果完成岩性填图工作。

第一节　研究区概况

中天山地块是中亚造山带众多具有古老基底的微陆块之一，位于塔里木板块和西伯利亚板块之间，是古亚洲构造域重要的组成部分，是研究中亚造山带的地壳演化和碰撞过程的重要构造部位。东天山尾亚地区位于阿其克库都克断裂以南，红柳河－牛圈子构造带以北，属于中天山地块东段。区内地层有元古界和古生界，岩浆活动频繁，断层发育，构造作用强烈，经历了多期次地质事件，形成了区内复杂的沉积岩、变质岩和岩浆岩。根据野外实际调查，尾亚地区内出露的主要岩性单元有古元古代片岩类和片麻岩类、中元古代大理岩和变质碎屑岩、晚元古代花岗质片麻岩、晚石炭世中酸性侵入岩和中三叠世基性－酸性侵入岩（见图 6.1）。该地区属于干旱－荒漠地区，岩性出露良好，并具有诊断性光谱及结构特征。

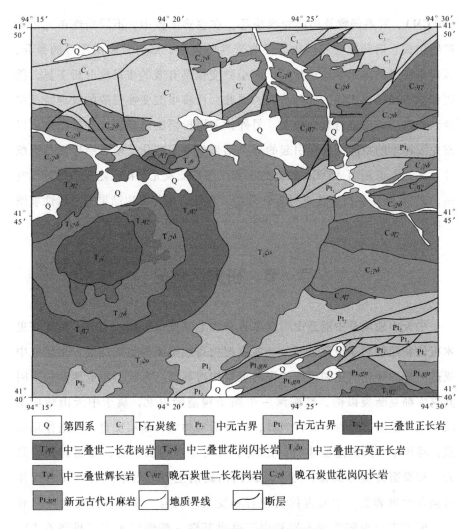

图 6.1　东天山尾亚地区地质简图

第二节　数据源

本书获得的 ASTER L1B 影像数据与第二章一致，研究区域更小。使用 ASTER 的所有波段提取重要造岩矿物信息。对 ASTER 数据进行预处理：使用 ENVI5.3 软件对影像进行辐射校正，将 DN 值转换成辐射值；因要基于 VNIR 及 SWIR 进行岩性分类，几何精校正时将 SWIR 30m 分辨率重采样为 15m 分辨率；VNIR 波段及 SWIR 波段采用 FLAASH 模块进行校正，而 TIR 波段采用热大气校正（Thermal Atmospheric Correction）模块进行大气校正；去除边框假异常。

第三节　结合多尺度岩性分类及矿物提取的岩性填图

一、结合多尺度岩性分类及矿物提取的岩性填图工作流程

基于野外调查提供的背景数据，结合多尺度岩性分类及矿物提取的岩性填图工作流程见图 6.2：首先，将预处理之后的 ASTER 影像的可见光 – 近红外波段（VNIR）和短波红外波段（SWIR）进行主成分变换，选择第一主分量提取 GLCM 纹理及小波纹理，将 ASTER 影像 VNIR 及 SWIR 波段光谱、提取的 GLCM 纹理及小波纹理特征融合进行 10 次 SVM 分类，通过投票法得到最终岩性分类结果；其次，构建矿物提取指数并经阈值分割提取主要造岩矿物；最后，将矿物提取结果叠加到分类结果上，结合野外调查背景综合分析判别各地质体，形成填图结果。

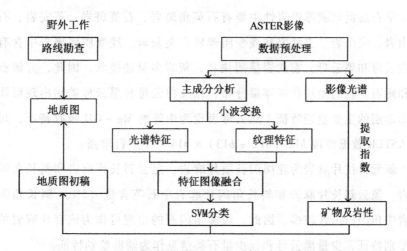

图 6.2　结合多尺度岩性分类及矿物提取的岩性填图工作流程

二、岩性及光谱特征分析

1. 岩性分析

根据野外实际调查，研究区内出露的主要岩性单元有古元古界（Pt_1）、中元古界（Pt_2）和下石炭统（C_1）以及晚元古代、晚石炭世和中三叠世侵入岩等。古元古代星星峡岩群主要岩石有云母石英片岩、钙质片岩、斜长角闪片岩、云母长英质糜棱岩、大理岩、白云质大理岩及少量片麻岩等。其中的片岩类以富集云母矿物和石英为主要特征，所夹的大理岩以方解石矿物为主，少量的斜长角闪片岩中含角闪石矿物。可将角闪石和方解石矿物呈层出现作为该套地层的主要鉴定特征，云母矿物出现作为辅助鉴定特征。方解石信息可以通过 ASTER 数据波段 $b14/(b13 + b12)$ 进行特征增强（Aboelkair H 等，2010）；角闪石信息可通过 $b6/b8 \times b12/b10$ 进行增强；白云母可通过 $(b5 + b7)/b6$ 进行增强。

中元古代卡瓦布拉克岩群为大面积分布的大理岩和少量浅变质碎屑岩。因此，大面积方解石矿物的出现可作为其主要鉴别特征，少量辉石矿物的出现作为其辅助鉴定特征。辉石可通过 ASTER 数据波段 $b1/b3$ 进行增强。

早石炭世雅满苏组岩性主要有石英角斑岩、石英斑岩、英安岩、石英安山岩、安山岩、玄武岩和浅变质碎屑岩夹灰岩。浅变质碎屑岩中含有少量白云母和黑云母，玄武岩呈团块状，灰岩多呈透镜状，因此，方解石矿物和辉石矿物的团块状或零星分布，以及白云母和黑云母矿物出现可作为该套地层的主要鉴别特征。黑云母表现为中等的 Mg - OH 吸收特征，可通过 ASTER 数据波段 $b12/(b11 + b13) \times b14/b11$ 进行增强。

新元古代片麻岩为花岗闪长质片麻岩、黑云斜长片麻岩和斜长角闪片麻岩。黑云斜长片麻岩和斜长角闪片麻岩中石英含量 <5%，斜长角闪片麻岩中角闪石出现较多。因此，较多角闪石的出现可作为该套片麻岩的主要鉴别特征，少量黑云母和极少量石英信息作为辅助鉴别特征。

侵入岩主要有二长花岗岩、花岗闪长岩、石英闪长岩、石英正长岩、正长岩和辉长岩。其中，辉长岩主要矿物成分为斜长石、辉石和角闪石，以辉石的集中出现为主要鉴别特征。二长花岗岩、花岗闪长岩、石英正长岩和正长岩矿物组成差异不明显，但主要造岩矿物含量差别较明显。二长花岗岩中石英含量 ±30%，花岗闪长岩中石英含量 ±20%，石英正长岩中石英含量 ±20%，正长岩中石英含量 <5%；石英正长岩、正长岩和二长花岗岩中正长石含量 >60%，而花岗闪长岩中正长石含量 <15%；正长岩、二长花岗岩和花岗闪长岩都含有 5% – 10% 的黑云母，而石英正长岩基本不含黑云母。因此，根据中酸性侵入岩主要造岩矿物含量变化，进行不同类型侵入岩的初步识别。石英的光谱信息可通过 $b11/(b10 + b12) \times b13/b12$ 进行增强，正长石光谱特征可通过 $(b12 + b10)/b11$ 进行增强。

2. 光谱特征分析

主要及典型造岩矿物的吸收谱带与 ASTER 波段的对应关系见表 6.1。

表 6.1　主要及典型造岩矿物的吸收谱带与 ASTER 波段的对应关系

矿物	1	2	3	4	5	6	7	8	9	10	11	12	13	14
黑云母											强吸	高反	弱反	高反
石英										强吸	高反	强吸		
方解石												弱吸	强反	高反
正长石											弱反	强吸	高反	
角闪石						弱反		弱吸		强吸		强反		
辉石	高反		强吸											
白云母					高反	强吸	高反							

三、矿物提取指数构建

根据表 6.1 构造研究区主要及典型造岩矿物的提取指数（见表 6.2）。波段运算之后目标区域得到增强，影像背景灰度差异变小。采用最大类间方差法（Otsu）搜索全局阈值分割影像，提取矿物信息。通过形态学腐蚀处理去除孤立点、毛刺等误分割情况。

表6.2 主要及典型造岩矿物提取指数

矿物	矿物提取指数
黑云母	$b12/(b11+b13) \times b14/b11$
石英	$b11/(b10+b12) \times b13/b12$
方解石	$b14/(b13+b12)$
正长石	$(b12+b10)/b11$
角闪石	$b6/b8 \times b12/b10$
辉石	$b1/b3$
白云母，绢云母	$(b5+b7)/b6$

四、岩性分类特征空间构建

1. 小波纹理提取

由于小波在体现局部化特性方面性能优良，而且可以获得不同尺度和方向的影像特征，可通过小波分解的系数来量化岩性的多尺度纹理信息。为避免计算量太大、窗口效应及边缘模糊，选择 Haar 小波基，对第一主分量的整体影像进行二维离散小波变换。第 i 级分解得到四个子带影像：1个低频子带（LL）和 3 个高频子带，高频成分即为影像的细节信息，分别为水平（LH）、垂直（LV）和对角（LD），$i+1$ 级分解时将低频子带分解为四个子带，如此迭代进行。小波多级分解有利于获得影像的细节信息，每级分解得到四维特征，特征维数随分解级数增多而变多，分类时计算量随之增加。常用的小波变换系数的统计量有统计量有熵（Entropy）、均值（Mean）、方差（Variance）、能量（Energy）等。经过对比，均值能更好地表征研究区影像的纹理特征。另外，由于纹理特征多体现在高频系数中，计算三个高频子带系数的均值作为小波纹理，公式见式（6.1）。

$$M = \frac{1}{mn}\sum_{i=1}^{m}\sum_{j=1}^{n}P(i,j) \tag{6.1}$$

其中，$P(i,j)$ 为移动窗口内像元(i,j) 的小波系数。m、n 分别为子带影像移动窗口的行列数。为了降低计算复杂度，先进行了三级小波分解，并对比不同分解层次的分类精度确定最终分解级数。

　　小波变换之后，噪声、边缘及纹理都表现为高频信息，因此，在构造纹理特征向量之前，要消噪及去除边缘信息。可通过第一层细节系数估计噪声的标准偏差，选择信号噪声的全局阈值进行消噪。采用 canny 算子进行边缘检测，并将小波变换之后的高频信息与边缘检测结果进行逻辑运算，去除边缘影响［见式（6.2）］。

　　其中，$f_i(x,y)$ 为高频子带影像，$g(x,y)$ 为边缘检测结果。

$$f_i(x,y) \text{ and } [\text{not} g(x,y)] \tag{6.2}$$

2. GLCM 纹理提取

　　基于灰度共生矩阵的纹理分析是在灰度共生矩阵的基础上进行二次统计来量化影像的纹理信息的，可得 14 种统计量，但是这些统计量有冗余信息存在。岩性纹理多为线性特征，在 ASTER 影像上体现为边缘及细节信息较多。纹理特征鲜明的地方灰度差异较大，而方差可以表现结构的不均一性；同质性度量影像纹理局部变化的多少，可以表现各岩性单元的整体特征；均值可以体现遥感影像规则程度，纹理杂乱无章的值较小，规律性强的值较大，它被认为是一个较好的纹理分类指标。因次，选择方差（V）、同质性（H）及均值（M）作为纹理特征。计算公式见式（6.3）、式（6.4）、式（6.5）。

$$V = \sum_i \sum_j (i-m)^2 P(i,j,d,\theta) \tag{6.3}$$

$$H = \sum_i \sum_j P(i,j,d,\theta) / [1 + (i-j)^2] \tag{6.4}$$

$$M = \sum_i \sum_j P(i,j,d,\theta) * i \tag{6.5}$$

　　其中，i 为统计的中心像元灰度，j 为与 i 距离为 d 的像元灰度，$P(i,j,d,\theta)$ 为 i 和 j 同时出现的频度，θ 为 W 阵的生成方向，共 0°、45°、90°、135°四个方向，因研究区地质体线性走向为东北—西南方向，所以选择 θ 为 45°方向计算纹理特征。

3. 特征空间构建

　　由于岩石单元受到构造、沉积等地质因素影响，会出现特殊的纹理现象，所以，选择 ASTER 影像的光谱及纹理特征构造特征向量，进行岩性分类。ASTER 影像各波段的纹理特征差异不明显，所以选择各波段纹理特征的均值以降低计算维度。光谱特征选 VNIR 及 SWIR 波段，共 9 个特征量 (s^i)，其中 $i = 1, \cdots, 9$。GLCM 纹理取各波段方差（v）、同质性（h）及均值（m）的均值，共 3 个特征量，其中 $v = \dfrac{1}{9} \sum_{i=1}^{9} v_i$，$h = \dfrac{1}{9} \sum_{i=1}^{9} h_i$，$m = \dfrac{1}{9} \sum_{i=1}^{9} m_i$，$v_i$，$h_i$，$m_i$ 分别为第 i 个波段的 GLCM 方差、同质性及均值。小波纹理选择各波段高频子带系数的均值，第 j 级分解得水平、垂直、对角 3 个特征量（u^{j1}, u^{j2}, u^{j3}），其中 $u^{jm} = \dfrac{1}{9} \sum_{i=1}^{9} u^{jm}_i$，$m = 1$，$2$，$3$，$u^{jm}_i$ 为第 i 个波段的小波分解系数。特征量随着分解级数增多而增加，最终用于分类的特征向量为 $T = [s^1, s^2, s^3, \cdots, s^9, v, h, m, u^{l1}, u^{l2}, u^{l3}, \cdots, u^{l1}, u^{l2}, u^{l3}]$，$l$ 为最终的小波分解级数。

五、结合多尺度纹理和光谱特征的岩性分类

1. 样本选择

SVM 基于待分类特征的先验知识将像素标记到用户定义的类之一，先验知识来自训练数据。SVM 使用训练数据的子集来划分特征空间，训练数据可以是非正态分布且有限的数据。根据野外调查结果，在各岩性单元选择样本点 300 个，以这 300 个样本点为中心，随机选择周边区域，生成原始训练数据集（见表 6.3）。

表 6.3   **原始训练数据集**

岩性	Q	C_1	Pt_2	Pt_1	$T_2\xi$	$T_2\eta\gamma$
原始训练数据集	1923	2081	1591	999	1051	1616
岩性	$T_2\xi o$	$T_2\upsilon$	$T_2\gamma\delta$	$C_2\eta\gamma$	$C_2\gamma\delta$	$Pt_3 gn$
原始训练数据集	2751	510	1653	1971	4125	1157

使用稳健分类法（RCM）将原始训练数据集分成三个随机子集。随机选择原始训练数据集的三分之一（独立测试数据集）评估最终的分类结

果。随机划分剩余三分之二的训练数据为两个大小基本相同的子集,一个子集(训练数据集)用于训练分类器,另一个子集(检验数据集)用于精度评价。对每个训练数据集进行样本可分离度评估(TD)保证样本可靠,TD 值大于 1.9 时样本之间的可分离性较好。另外,对所有训练数据集进行正态性检验,发现所有数据集都是非正态分布的。

2. 参数选择

(1)最佳窗口及小波变换级数选择

提取影像的纹理特征需要使用移动窗口技术,窗口的大小会影响纹理提取结果。选择 5 像素 ×5 像素、9 像素 ×9 像素、13 像素 ×13 像素、17 像素 ×17 像素、21 像素 ×21 像素、25 像素 ×25 像素、31 像素 ×31 像素窗口分别提取第 1 级小波纹理和 GLCM 纹理,对各窗口提取结果进行 SVM 分类,并比较分类精度(见图 6.3)。结果表明,分类精度随着窗口变大,出现先升高后降低的趋势,最终选定小波纹理和 GLCM 纹理的最佳窗口为 21 像素 ×21 像素。另外,先进行 3 级 Haar 小波变换,比较各级变换纹理特征的分类精度(见图 6.4),其中,W1 表示第 1 级小波纹理分类精度,W1 – W2 表示第 1 级和第 2 级小波纹理作为特征分量的分类精度。可见,第 1 级小波纹理分类精度较高,各级小波纹理都作为特征分量时,多级小波纹理叠加的效果优于单一级,第 1 级和第 2 级组合的精度最高,所以,最终选择 2 级小波变换提取纹理。

(2)SVM 参数选择

采用 SVM 分类时,需要确定核函数、核参数 σ 及惩罚因子 C。核函数对于分类结果影响不显著,选择径向基核函数 RBF。核参数 σ 及惩罚因子 C 会显著影响分类精度,必须搜索最优参数确保训练数据集的最佳分类结果。由于传统的寻找最优参数的格网搜索算法是遍历解空间的可行解获得全局最优值,效率较低;人工智能算法,如蚁群算法、遗传算法、人工蜂群算法,作为启发式算法,不必遍历解空间的可行解,且鲁棒性较强,选择人工蜂群算法搜索最优参数,最大迭代次数设置 100,种群个数设为 20,个体最大更新次数设为 10,终止精度为 10^{-3},SVM 的参数 C 和 σ 的取值

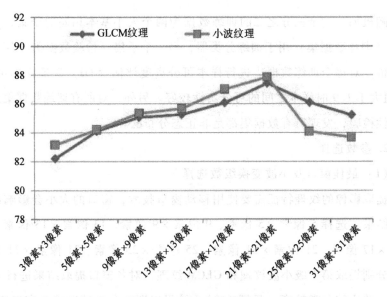

图6.3　不同窗口分类精度

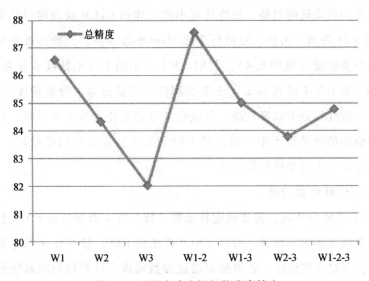

图6.4　不同小波分解级数分类精度

范分别为［8，100］和［0.055，1000］。对于不同数据源采用 SVM 分类，10 次分类中精度最高一次的最优惩罚因子 C 和核函数参数 σ 如表 6.4 所示。

表 6.4　　　　　　　　　　　　SVM 参数寻优结果

数据源	分类精度/%	C	σ
S	78.8465	9.2	7.9
G	88.2814	87.1	34.4
W	88.3008	76.5	27.6
S－G－W	92.1022	8.7	6.8

3. 投票法

多数投票法主要思想是少数服从多数，对数据集进行 10 次重复交叉验证分类，对多个分类结果进行集成，每个像素最终确定为 10 次中出现次数最多的那个类，以减少样本的选择对分类结果的影响。

六、矿物提取

图 6.5 为通过矿物提取指数提取的方解石信息。图 6.5（a）为方解石信息增强之后的影像，可见高亮区域为方解石出现区域，亮度越高，方解石分布越集中。图 6.5（b）为该影像的归一化直方图，直方图没有明显的波谷，使用 Otsu 计算出的阈值为 0.4471，分割结果为图 6.5（c）。结果中有大量孤立点及毛刺现象，对结果进行形态学腐蚀运算，得到图 6.5（d）。因其他矿物处理过程与方解石一致，此处不再赘述。

第四节　结果分析

一、纹理提取结果分析

用来进行效果对比的数据源分别为：仅光谱（S），仅 GLCM 纹理（G），仅小波纹理（W）。为了对比公平，S 分类时取 ASTER VNIR 波段及 SWIR 波段的 9 个波段进行 21 像素 ×21 像素均值滤波之后的光谱特征；G 分类时取窗口为 21 像素 ×21 像素窗口的方差、同质性、均值纹理，并求 9 个波段纹理均值；W 分类时取 2 级小波变换的第 1 级和第 2 级 21 像素 ×21

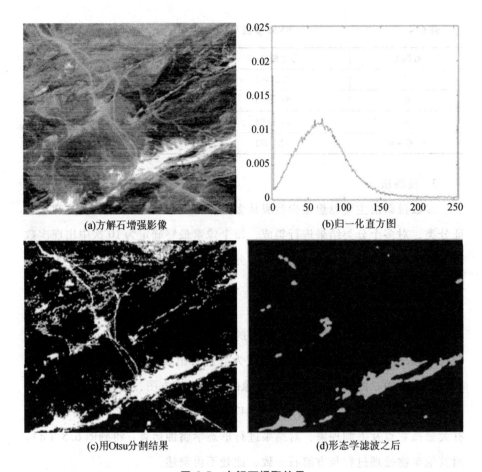

(a)方解石增强影像   (b)归一化直方图

(c)用Otsu分割结果   (d)形态学滤波之后

图 6.5 方解石提取结果

像素窗口的纹理；S－G－W 分类是将前面选择的 21 像素 ×21 像素特征进行组合。图 6.6 为 ASTER 光谱影像，图 6.7 为主成分分析第一主分量影像。图 6.8（a）－图 6.8（c）分别为 GLCM 方差、同质性及均值纹理影像。图 6.9（a）－图 6.9（c）为第 1 级小波变换消噪并去除边缘得到的水平、垂直、对角的纹理影像，图 6.9（d）－图 6.9（f）分别为第 2 级小波变换的 3 个纹理均值影像。小波分解得到的纹理影像显示了研究区的大部分线性特征，因研究区主要为环形地质体，东北—西南方向纹理细节较为鲜明，小波分解的水平子带体现出来的空间变异性更大。

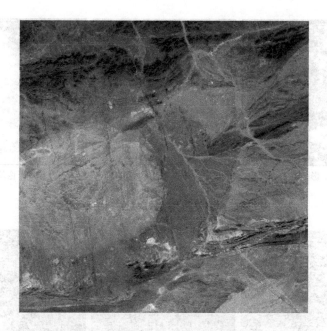

图6.6　东天山尾亚地区光谱影像

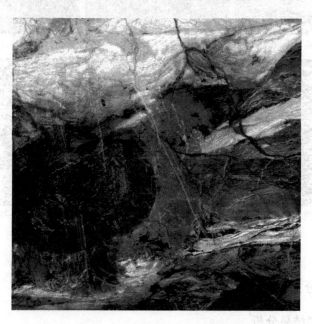

图6.7　主成分分析第一主分量影像

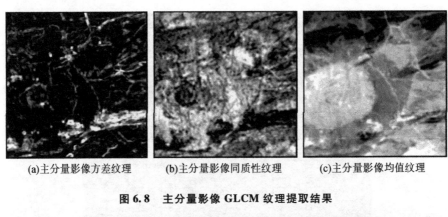

(a)主分量影像方差纹理   (b)主分量影像同质性纹理   (c)主分量影像均值纹理

图 6.8　主分量影像 GLCM 纹理提取结果

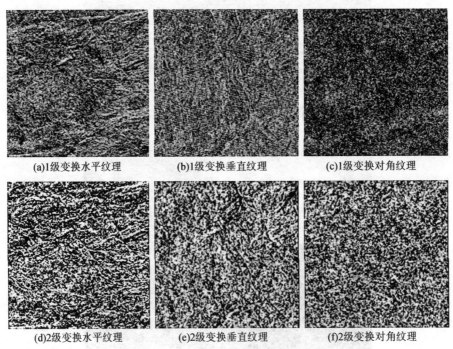

(a)1级变换水平纹理   (b)1级变换垂直纹理   (c)1级变换对角纹理

(d)2级变换水平纹理   (e)2级变换垂直纹理   (f)2级变换对角纹理

图 6.9　主分量影像小波各级变换纹理提取结果

二、分类结果分析

1. 分类结果分析

经过多数投票，最终分类结果见图 6.10，其中，图 6.10（a）、图 6.10（b）、图 6.10（c）、图 6.10（d）分别为 S、G、W 及 S-G-W 的分

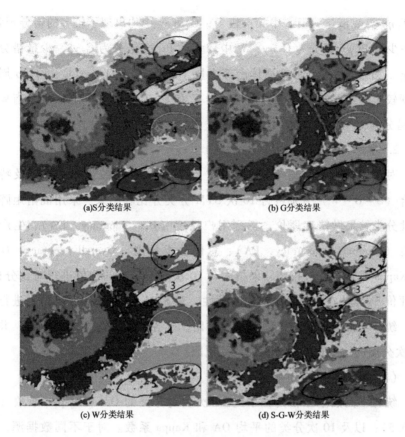

(a)S分类结果　　　　　　　　　　　　　(b) G分类结果

(c) W分类结果　　　　　　　　　　　　(d) S-G-W分类结果

图6.10　各数据源分类结果

类结果。1区S、W和S－G－W中Q分类结果较好，与周围地质体界线较清晰；G中大部分Q错分为$T_2\xi o$和$C_2\eta\gamma$；另外，该区在S和W中显示噪声较多，而在G和S－G－W中噪声较少，原因是提取GLCM纹理时窗口较大，影像更加平滑，而提取小波纹理时窗口较小。2区G和W中的结果较准确，且使用小波纹理分类结果更优；S中$C_2\gamma\delta$划分较准确，但$C_2\eta\gamma$部分错分为$T_2\xi o$；S－G－W中大部分$C_2\eta\gamma$错分为$C_2\gamma\delta$。3区各数据源Pt_1与$C_2\eta\gamma$和$C_2\gamma\delta$界线较清晰，但均出现了Pt_1错分为$C_2\gamma\delta$的现象，S和W中错分较少。4区W中准确性最高，S中$C_2\eta\gamma$和$C_2\gamma\delta$界线不清楚，且有少量$C_2\gamma\delta$误分为$C_2\eta\gamma$，G和S－G－W中$C_2\eta\gamma$和$C_2\gamma\delta$界线清楚，但均出现少量$C_2\gamma\delta$误分为$C_2\eta\gamma$的现象。5区S和S－G－W中分类准确，Pt_3gn

与 $T_2\eta\gamma$ 界线清楚，但 S 中噪声较多；G 和 W 中均出现了较多的错分现象，G 中少量 Pt_3gn 错分为 $C_2\eta\gamma$，W 中较多的 Pt_3gn 错分为 $C_2\gamma\delta$，少量错分为 $C_2\eta\gamma$。另外，S 中环形地质体南部少量 $T_2\eta\gamma$ 错分为 $T_2\xi o$；G 中 $T_2\xi o$ 周围出现较多的错误的 $C_2\eta\gamma$ 的信息；G、W 和 S－G－W 中环形地质体南局部 Pt_2 错分为 $C_2\gamma\delta$。

2. 分类精度分析

对不同数据源光谱（S）、GLCM 纹理（G）、小波纹理（W）及特征组合（S－G－W）分别进行 10 次 SVM 分类并比较结果。采用混淆矩阵对岩性分类结果做精度评价，得到用户精度（User accuracy，UA）、生产者精度（Production accuracy，PA）、总体分类精度（Overall accuracy，OA）和 Kappa 系数，并对投票结果精度和 10 次分类精度的均值进行对比分析。为评价 SVM 法在岩性分类中的有效性，对 SVM 与 MLC 的分类精度进行比较。统计岩性分类动态变化累计百分比，及各岩性混淆百分比矩阵，并以 10 次分类的均值矩阵来分析混淆的原因。

（1）不同样本的分类精度评价

统计不同数据源相同样本的 10 次重复分类的 OA 和 Kappa 系数（见表 6.5），以及 10 次分类的平均 OA 和 Kappa 系数。对于不同数据源，分类样本引起的分类结果的变化趋势是一致的，由此可见，参考已有地质资料选定样本集，并采用随机子集的方法进行分类的结果是比较稳定的。其中，S－G－W 不同样本条件下分类精度都是最高的，平均精度可以达到 89.5512%，比仅使用光谱、仅使用 GLCM 纹理和仅使用小波纹理分类的平均精度分别高出 15.2276%、3.5409% 和 3.2889%。

经过 10 次重复分类，各数据源岩性分类动态变化累计百分比（见图 6.11）显示，样本的变化引起的分类结果的变化幅度，S 作为数据源时最小，G 纹理和 W 纹理则较大，S－G－W 居中。S 分类时，C_1 变化最小，因为 C_1 主要为矿物颗粒细小的碎屑岩，岩性均一，与侵入岩光谱特征差异较大，分类结果稳定；Pt_2 变化较小，因为 Pt_2 以大理岩为主，主要矿物成分为方解石，光谱特征单一，混合像元较少；Pt_1 变化最大，因为该区含有

表6.5　　　　　　　　　　　　　　不同样本的分类精度

不同特征	总体分类精度和 Kappa 系数	1	2	3	4	5	平均
S	OA/%	76.3596	70.6067	74.4484	76.0209	76.4951	
	Kappa	0.7386	0.6767	0.7176	0.7351	0.7402	
G	OA/%	87.4057	88.1024	86.8589	86.7138	85.2477	
	Kappa	0.8606	0.8685	0.8546	0.8529	0.8364	
W	OA/%	87.6282	87.7589	87.4008	87.2315	86.0509	
	Kappa	0.8631	0.8647	0.8607	0.8587	0.8454	
S-G-W	OA/%	90.6385	90.6539	90.4998	91.0311	89.151	
	Kappa	0.8932	0.8941	0.8904	0.9128	0.8895	
不同特征	总体分类精度和 Kappa 系数	6	7	8	9	10	平均
S	OA/%	72.2131	72.7647	69.7455	75.7354	78.8465	74.3236
	Kappa	0.6932	0.7001	0.6659	0.7316	0.7661	0.7165
G	OA/%	84.222	88.2814	83.3753	84.251	85.6445	86.0103
	Kappa	0.8251	0.8703	0.8158	0.8254	0.841	0.8451
W	OA/%	84.5607	88.3008	83.6123	84.1059	85.9735	86.2624
	Kappa	0.8289	0.8705	0.8184	0.8239	0.8447	0.8479
S-G-W	OA/%	87.9607	92.1022	86.8925	87.5652	89.0173	89.5512
	Kappa	0.8768	0.9202	0.8599	0.8793	0.8909	0.8907

多种岩性，光谱特征较为复杂；$T_2\eta\gamma$ 变化较大，因为该区在环形地质体中间部位，光谱混合较为严重；Q 变化较大，因为不同地区第四系的物源不同，光谱差异较大。G 和 W 分类时，样本的空间变异性引起的分类动态变化趋势基本一致；C_1 类变化最小，因为 C_1 属于沉积岩，纹理特征比较规则，细节信息较少；Pt_1 变化较大，因为其中的变质沉积岩、变质火成岩和大理岩的纹理特征均有差异且不规则；$T_2\upsilon$ 部分变化最大，因为 $T_2\upsilon$ 出露面积较小，受围岩风化剥蚀覆盖影响，纹理多样化，但该区细节信息较少，所以小波纹理分类变化比 GLCM 纹理小。S-G-W 的分类结果显示，Pt_1 变化较大，与前述原因一致，光谱和纹理都较为复杂；$T_2\upsilon$ 部分变化最

大，与 T_2v 出露面积小、受围岩影响大有关；$T_2\xi$ 变化最小，因为正长岩位于环形地质体核部，地形相对较高，受围岩影响小，光谱及纹理特征稳定。

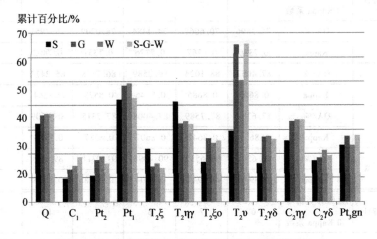

图 6.11 各数据源岩性分类动态变化累计百分比

另外，通过独立测试数据集评估投票之后分类图的精度，并与 10 次重复分类获得的平均精度进行对比（见图 6.12）。可见，经过投票的各数据源的分类精度更高。投票之后，S – G – W 的分类精度最高，为 92.1934%，Kappa 系数为 0.9202；S、G 和 W 的分类精度分别为 78.8565%、89.3824% 和 88.9008%，Kappa 系数分别为 0.7691、0.8903 和 0.8801，仅使用光谱分类精度最低。

（2）不同岩性单元的分类精度评价

通过独立测试集，对投票分类结果不同岩性单元的分类精度进行统计（见表 6.6）。在各数据源中，C_1 和 $T_2\xi o$ 的 PA 和 UA 最高，说明这两类地质体光谱和纹理与周边地质体差异较大，混淆现象较少。$T_2\eta\gamma$ 和 $C_2\eta\gamma$ 的 PA 和 UA 最小，说明这两类光谱和纹理都较为复杂，容易被错分为其他岩性，需要通过解混像元来进行更精细的分类。除了光谱，其他数据源分类时，T_2v 的 UA 可以达到 100%，说明该地质体分类时，纹理特征起到了重要作用。不同数据源相比，S – G – W 各岩性的 PA 和 UA 都较高，说明组合特征能充分利用岩性单元的空间信息、细节信息及光谱特征进行类别鉴定。

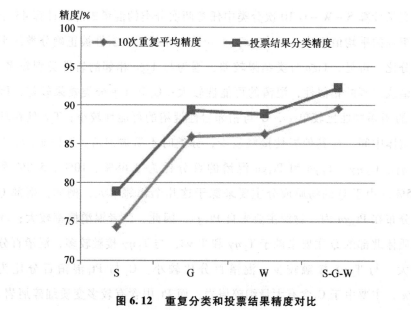

图 6.12 重复分类和投票结果精度对比

表 6.6 不同岩性单元的分类精度

岩性	S		G		W		S－G－W	
	P_A/%	U_A/%	P_A/%	U_A/%	P_A/%	U_A/%	P_A/%	U_A/%
Q	81.38	79.6	83.17	100	95.12	90.52	87.28	90.55
C_1	99.73	76.47	100	93.1	92.99	95.59	100	89.81
Pt_2	86.93	83.65	98.71	96.64	99.96	89.76	97.71	93.2
Pt_1	59.79	84.96	83.63	94.49	78.47	90.88	90.35	95.94
$T_2\xi$	78.92	69.7	100	88.24	96.27	86.6	100	89.75
$T_2\eta\gamma$	60.97	74.93	94.87	91.08	97.87	89.92	87.91	93.3
$T_2\xi o$	95.88	93.13	100	100	95.48	97.45	98.55	99.77
$T_2\upsilon$	66.29	67.36	65.38	100	67.31	100	83.55	100
$T_2\gamma\delta$	83.75	86.27	93.97	84.35	70.01	94.87	96.44	86.14
$C_2\eta\gamma$	56.9	66.94	66.82	72.76	83.58	86.1	61.07	89.15
$C_2\gamma\delta$	83.28	65.26	84.58	73.9	99.3	65.51	86.93	83.17
Pt_3gn	84.11	81.8	58.99	50.16	37.98	92.41	87.93	88.9

交叉计算 S－W－G 10 次分类中任意两次分类的混淆矩阵，计算 45 个混淆矩阵的平均值矩阵（见表 6.7）。矩阵对角线是各岩性被正确分类的平均百分比，可见，$T_2\xi o$ 分类结果较差，因为与 $T_2\xi o$ 相邻的岩性类别较多，因光谱或纹理的相似性，混淆的可能性较大；C_1 和 $T_2\xi$ 分类效果较好，因为 C_1 的相邻岩性比较单一，C_1 与相邻岩性混淆的可能性较小；$T_2\xi$ 处在环形地质体中间，与其他岩性接触较少，分类时不易被混淆。矩阵显示，Q 与 $T_2\eta\gamma$、$C_2\eta\gamma$、$T_2\gamma\delta$ 和 Pt_3gn 混淆的百分比为 9.68%、10%、5.8% 和 12.95%。由于 Q 的物质成分主要来源于这几个相邻单元，例如：南部 Q 主要分布在 Pt_3gn 内，物源主要来自 Pt_3gn，因此，二者混淆概率较大；环形地质体北部的 Q 主要来源于 $T_2\eta\gamma$ 和 $T_2\gamma\delta$，与 $T_2\eta\gamma$ 接触较多，混淆百分比较大，与 $T_2\gamma\delta$ 接触较少，混淆百分比较小。C_1 与 Pt_1 混淆百分比为 26.7%，主要由于 C_1 含有大量细碎屑岩，而 Pt_1 中含有较多变质细碎屑岩，主要矿物均为斜长石；C_1 与 $C_2\gamma\delta$ 混淆百分比为 4.46%，由于 C_1 中含较多 $C_2\gamma\delta$ 岩脉。Pt_2 与 Pt_1、$T_2\upsilon$、$C_2\gamma\delta$ 和 Pt_3gn 的混淆百分比分别为 14.27%、7.26%、7.65% 和 4.48%；Pt_2 以大理岩为主，Pt_1 中含有少量大理岩，两者均含有少量变质细碎屑岩，光谱和纹理具有相似性，混淆百分比较高；Pt_2 与 $T_2\upsilon$ 均含有角闪石，光谱易混淆；而 Pt_2 与 $C_2\gamma\delta$ 和 Pt_3gn 相邻，受风化剥蚀和冲洪积影响，接触界线附近有物质混合，所以分类易出现混淆现象。Pt_1 与 $C_2\gamma\delta$ 的混淆百分比为 23.05%，二者相邻，并且 Pt_1 中含有花岗闪长质片麻岩，与 $C_2\gamma\delta$ 主要矿物成分类似；Pt_1 与 $T_2\upsilon$ 混淆百分比为 26.64%，因 Pt_1 中含有斜长角闪岩，而 $T_2\upsilon$ 中也含有较多角闪石。$T_2\xi$ 与 $T_2\eta\gamma$、$T_2\xi o$ 和 $C_2\eta\gamma$ 混淆百分比为 13.69%、3.31% 和 3.06%，$T_2\xi$ 以正长石为主，而 $T_2\eta\gamma$、$T_2\xi o$、$C_2\eta\gamma$ 均含有少量正长石，且 $T_2\xi$ 与 $T_2\eta\gamma$ 接触较多，混淆百分比更高。$T_2\eta\gamma$ 与 $T_2\gamma\delta$ 均含有大量的斜长石和石英，且 $T_2\gamma\delta$ 侵入到 $T_2\eta\gamma$ 中，混淆百分比为 33.94%；$T_2\eta\gamma$ 与 $C_2\eta\gamma$ 岩性相同，仅用光谱分类，混淆概率较高，但由于纹理不同，因此，组合数据源分类结果中混淆百分比仅为 6.04%。$T_2\xi o$ 与 $C_2\eta\gamma$ 均含有大量的正长石和石英，主要矿物成分类似，且二者接触较多，混淆百分比为 20.68%；$T_2\xi o$ 与 $C_2\gamma\delta$ 都含有较多石英，且相邻，混淆百分比为 7.95%。$T_2\upsilon$ 与 $T_2\gamma\delta$、$C_2\gamma\delta$ 混淆百分比分别为 30.81%、3.16%，因三者均含有大量斜长石和少量角闪石，同时，$T_2\upsilon$ 与 $T_2\gamma\delta$ 纹理相似度更高，所以混淆百分比更高。$T_2\gamma\delta$ 与 $C_2\eta\gamma$、$C_2\gamma\delta$ 和 Pt_3gn 混淆百分比分别为 6.09%、4.42% 和 3.87%，导致分类混淆的原因是这些岩性单元均含有斜长石和石英。$C_2\eta\gamma$ 与 $C_2\gamma\delta$ 和 Pt_3gn 混淆的百分比为 15.68% 和 4.66%，这三者均含有大量斜长石和石英，并且 $C_2\eta\gamma$ 与 $C_2\gamma\delta$ 形成时代相同，纹理特征相似，因此混淆程度更高。$C_2\gamma\delta$ 与 Pt_3gn 混淆百分比为 20.51%，Pt_3gn 中含有大量花岗闪长质片麻岩，主要矿物成分与 $C_2\gamma\delta$ 类似，因此混淆百分比较高。以上结果均具有统计意义。总体看来，岩性分类混淆的可能性较大的原因有：岩性具有相同的矿物成分，出现的异物同谱现象；岩性相邻，受风化剥蚀和冲洪积影响；同一期构造岩浆事件形成的不同类型侵入岩具有相似的纹理特征。

表 6.7　　　　　　　　　　各岩性分类混淆矩阵

混淆百分比	Q	C_1	Pt_2	Pt_1	$T_2\xi$	$T_2\eta\gamma$
Q	63.33	0.01	1.64	0.00	0.57	4.27
C_1	0.01	85.21	1.12	17.14	0.00	0.00
Pt_2	2.38	1.14	83.99	12.19	0.00	0.00
Pt_1	0.00	9.56	2.08	56.91	0.00	0.00
$T_2\xi$	0.89	0.00	0.00	0.00	86.09	3.48
$T_2\eta\gamma$	5.41	1.22	0.00	0.00	10.21	67.67
$T_2\xi o$	0.10	0.00	0.00	0.00	0.00	0.13
$T_2\upsilon$	0.35	0.05	2.10	0.21	0.00	0.00
$T_2\gamma\delta$	4.19	0.00	0.23	0.00	2.62	21.08
$C_2\eta\gamma$	6.65	0.00	0.25	0.00	0.43	3.06
$C_2\gamma\delta$	7.03	2.81	4.85	13.54	0.06	0.17
Pt_3gn	9.68	0.00	3.74	0.02	0.02	0.14

续表

混淆百分比	$T_2\xi o$	$T_2\upsilon$	$T_2\gamma\delta$	$C_2\eta\gamma$	$C_2\gamma\delta$	Pt_3gn
Q	0.34	0.09	1.61	3.35	0.59	3.27
C_1	0.00	1.82	0.00	0.00	1.65	0.00
Pt_2	0.31	5.16	0.01	0.23	2.80	0.74
Pt_1	0.00	26.43	0.00	0.00	9.51	0.01
$T_2\xi$	0.05	0.00	0.69	2.63	0.00	0.00
$T_2\eta\gamma$	1.30	0.00	12.86	2.98	0.02	0.11
$T_2\xi o$	74.41	3.10	0.05	5.21	0.36	0.08
$T_2\upsilon$	0.06	34.44	0.02	0.22	2.04	0.94
$T_2\gamma\delta$	0.30	0.00	73.80	2.76	0.08	0.59
$C_2\eta\gamma$	15.47	0.00	3.33	65.81	1.66	1.88
$C_2\gamma\delta$	7.59	28.77	4.34	14.02	80.62	19.84
Pt_3gn	0.17	0.19	3.28	2.78	0.67	72.53

（3）不同分类器的分类精度

分别采用 SVM 和 MLC 对不同数据源进行分类，取 10 次分类的精度进行比较（见图 6.13），可见，采用光谱进行分类时，SVM 分类精度低于 MLC。其他三类数据源，SVM 的分类精度均大于 MLC 分类法。另外，样本对 SVM 的干扰要小于对 MLC 的干扰，说明 SVM 分类器对于非正态高维数据的分类更加稳定，更适合于对 ASTER 数据进行岩性自动分类。

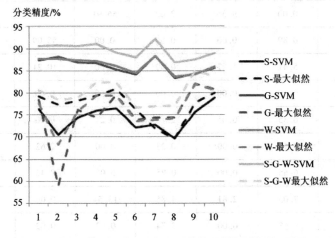

图 6.13　不同分类器的分类精度

三、填图结果分析

已有地质资料表明，白云母和方解石主要出现在古元古代星星峡岩群（Pt_1）、中元古代卡瓦布拉克岩群（Pt_2）和早石炭世雅满苏组（C_1）中，基本不出现在侵入岩中。因此，可以通过方解石和白云母来区分研究区地层和侵入岩。

方解石集中分布区应为大理岩或灰岩。研究区方解石的集中区为以大理岩为主的中元古代卡瓦布拉克岩群（Pt_2）。卡瓦布拉克岩群中局部呈线性分布的区域未提取出方解石信息，说明该地区应为卡瓦布拉克岩群碎屑岩分布区。方解石零星分布的区域应为古元古代星星峡岩群（Pt_1）和早石炭世雅满苏组（C_1）。其中，星星峡岩群大理岩成层状，提取出的方解石信息亦呈层状分布；雅满苏组主体以火山岩和碎屑岩为主，局部夹少量透镜状灰岩，因此，提取出的方解石信息呈团块状或零星分布。

辉石密集分布区应为辉长岩（T_2v），辉石零星分布区应为古元古代星星峡岩群（Pt_1）、中元古代卡瓦布拉克岩群（Pt_2）和早石炭世雅满苏组（C_1）。辉石信息与星星峡岩群和卡瓦布拉克岩群所含的大理岩有关，在星星峡岩群中呈显著的层状分布特征。雅满苏组中辉石信息与其所含的灰岩和玄武岩有关，因此多呈团块状或零散的分布特征。结合方解石信息和辉石信息特征，可以准确地区分辉长岩、星星峡岩群、卡瓦布拉克岩群和雅满苏组四个岩性单元。

角闪石信息主要分布在新元古代片麻岩（Pt_3gn）、古元古代星星峡岩群（Pt_1）和辉长岩（T_2v）地区。结合辉石和方解石信息，可以判别东南部角闪石出露区为新元古代片麻岩分布区，该岩性单元中斜长角闪片麻岩为角闪石信息源。

前已述及，二长花岗岩、花岗闪长岩、石英正长岩和正长岩的矿物组成差异不明显，但矿物含量差异较大，这些岩性可以通过不同矿物信息分布密度进行概略判断。其中，石英分布密度最大区域应为二长花岗岩、花岗闪长岩和石英正长岩区，密度较小区为正长岩区；正长石信息在二长花岗岩、石英正长岩和正长岩区分布较密集，花岗闪长岩区分布相对稀少；黑云母信息主要分布在正长岩和二长花岗岩区，较少出现在花岗闪长岩区，零星出现在石英正长岩区。可见，根据主要组成的矿物分布密度，可以概略区分不同类型花岗岩。但是，由于不同类型花岗岩脉体穿插侵入以及风化剥蚀残积物等因素影响，根据矿物含量区分不同类型侵入岩仍然存在很多不确定因素，需要辅以野外检查验证。

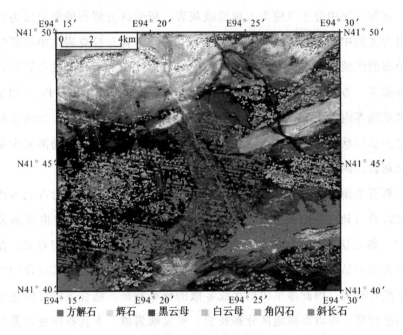

■方解石　■辉石　■黑云母　■白云母　■角闪石　■斜长石

图 6.14　矿物提取结果

图 6.14 为提取出的 6 种主要及典型造岩矿物信息的叠加结果。因石英信息覆盖面积较大，会影响其他信息显示，因此未将石英信息叠加到显示结果中。将主要及典型造岩矿物信息叠加在分类图上，结合区域已有地质资料，可以对分类效果图中不同岩性单元进行初步判定，再结合野外调查结果，完成遥感填图（见图 6.15）。

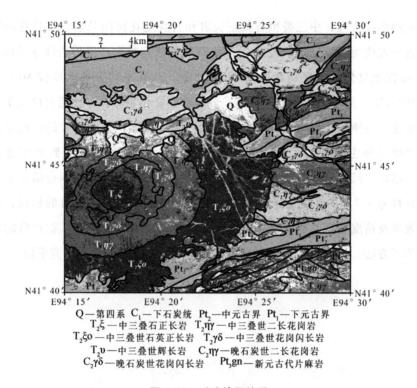

Q—第四系 C_1—下石炭统 Pt_2—中元古界 Pt_1—下元古界
$T_2\xi$—中三叠石正长岩 $T_2\eta\gamma$—中三叠世二长花岗岩
$T_2\xi o$—中三叠世石英正长岩 $T_2\gamma\delta$—中三叠世花岗闪长岩
$T_2\upsilon$—中三叠世辉长岩 $C_2\eta\gamma$—晚石炭世二长花岗岩
$C_2\gamma\delta$—晚石炭世花岗闪长岩 Pt_3gn—新元古代片麻岩

图 6.15 遥感填图结果

第五节 本章小结

本章提出了结合多尺度岩性分类及矿物提取的岩性填图方法。主要内容分为两个部分:岩性自动分类和基于提取指数的矿物提取。岩性分类是基于 ASTER 数据的光谱和多尺度纹理特征,采用有效的机器学习算法分类,利用投票法产生最终岩性分类结果。实验表明,利用 2 级小波变换提取的纹理、GLCM 纹理与光谱特征组合能区分地表关键岩性;投票之后,总体分类精度能达到 92.1934%,较仅用光谱分类的精度提高了13.3369%。特征组合之后,第四系、中元古代地层、新元古代片麻岩及环形地质体中正长岩、二长花岗岩和花岗闪长岩分类效果较好;仅使用光谱,石炭纪地层及其中发育的花岗闪长岩和古元古代地层识别效果较好;

仅使用小波纹理，中三叠世石英正长岩和石炭纪花岗闪长岩、二长花岗岩及古元古代地层识别效果最好。采用 SVM 并进行投票产生的岩性分类精度比 10 次重复分类的平均精度高 2.64218%。SVM 平均分类精度较 MLC 高 9.36739%，更适合岩性自动分类。分类动态变化累计百分比能提供关于岩性演变的可能性。交叉验证法可以优化训练数据集。基于指数的矿物提取方法能区分主要造岩矿物：黑云母、方解石、角闪石等。经野外实地勘查，结合多尺度岩性分类及矿物提取的岩性填图结果与野外调查结果的相关系数为 0.7，能客观地显示地质体展布特征，并具有更细节的信息，填图效率及精度更高。研究结果表明，结合多尺度岩性分类及矿物提取的岩性填图方法，可作为一种在植被覆盖稀少地区的有效的地质研究手段。

第七章 全文总结与结论

第一节 结论

找矿预测和岩性填图是矿产资源勘查的两项重要工作,如何利用遥感影像智能化地进行精确的找矿预测和岩性识别,对于地球科学深空探测的发展和保证地球勘探成果的科学合理性具有重要的意义。随着国家对稀缺矿产资源的需求和高质量、多类型遥感影像获取技术的提升,创新基于地学知识和人工智能的遥感定量化智能化处理理论与方法成为目前的主要研究方向。尽管国内外遥感地质应用取得了较大进展,但是缺乏从海量遥感数据中提取有用地学信息与知识的自动和高效手段。

基于像素的地学信息提取方法无法避免会影像获取过程、岩性演化或风化作用导致岩性交错分布产生的噪声干扰,也不能很好地描述矿物的局部奇异性、自相似性及自相关性。单尺度的地学信息分析方法难以很好地表达矿物异常的各向异性和多分辨率特性。岩性的动态变异性使得纹理及光谱的识别方法具有不确定性。由于能提取复杂地质地貌地区的深度特征和高层语义信息,面向时空建模的多尺度分析方法和机器学习成为遥感数据地质应用的定量化智能化处理与精准化服务的重要技术支撑。本书围绕多尺度分析方法、面向对象提取技术、机器学习及深度特征分解方法在遥感影像找矿预测及填图中的应用展开研究,对 ASTER 影像和 Land 7 ETM + 影像的蚀变矿物提取、岩性分类及填图的关键技术进行了探索,并给出相应的解决方案。主要成果如下:

（1）第二章提出了结合主成分分析、多尺度分割和支持向量机的 AS-TER 矿化蚀变信息提取方法，解决了基于像素级光谱特征提取矿化蚀变信息噪声较多的问题。该方法的核心思想是，基于矿物的局部奇异性和成矿系统的自相似性将蚀变矿物进行聚类，再通过 SVM 的向量逼近精确地获取目标信息。主要包括两个步骤：①基于多重分形理论对蚀变矿物诊断性波段主成分分析之后的影像进行多尺度分割；②利用 SVM 基于小样本对高维信息空间进行蚀变矿物目标搜索。第一步骤，首先根据蚀变矿物内部引起分子振动的阴离子 H_2O、OH^-、CO_3^{2-} 等和引起电子跃迁的阳离子 Fe^{2+}、Fe^{3+} 等在 ASTER 频谱中的吸收和反射特征，选定能增强影像的波段进行特征向量主成分分析；接着，对特征向量矩阵中载荷因子为正的主分量影像进行像素级灰度聚类过分割，基于广义关联法计算分维数来衡量纹理相似性对单一尺度分割的影像进行多次合并，形成多尺度分割结果。相比于仅基于灰度聚类的分割方法，基于多重分形的分割结果能更好地表征矿物的局部空间结构。第二个步骤是利用局部特征过滤掉大部分不相关信息，选定核函数 RBF，调整 σ 和松弛变量 C 构造出最优 SVM 模型搜索目标蚀变矿物，其中采用最小优化算法代替二次规划求解工具将求解速度提高了12%。野外勘测定量分析结果表明，该方法比同类方法的精度更高，与已知矿点、成矿区带的相关度更好。

（2）第三章提出了结合小波包变换和随机森林的蚀变信息提取方法，利用了 ASTER 影像的多分辨率和多光谱特征提取了较其他方法具有更高精度的蚀变矿物信息。该方法对蚀变矿物特征向量主成分分析之后筛选的主分量影像进行小波包变换，并利用以熵为基础的代价函数优化小波包树，得到蚀变矿物时频局部化及多尺度高低频细节信息的最优表示；通过干扰机制筛选重要特征构成高维特征分类空间，并利用具有高精度、高稳定性能的 RF 通过多棵决策树投票的方法完成蚀变信息提取。选取野外 42 个勘测点的样本信息进行精度评价，结果显示该方法提取铁染、Al – OH 及 Mg – OH 基团蚀变信息时能消除矿物组分的百分比引起的光谱动态变异噪声，而且能充分利用光谱的能量表征矿物的富集和贫化规律。

（3）第四章提出了基于多尺度卷积神经网络特征分解的找矿预测方法，解决了遥感影像高植被覆盖、干扰信息多样、岩性交错分布地区的蚀变矿物高层语义信息的提取问题。该方法是基于多尺度深度学习网络分解影像特征的找矿方法，包括提取影像颜色特征、形状特征及纹理特征等影像形态及计算影像光谱二阶导数；采用逻辑叠加分析法对提取的颜色特征、纹理特征等元素进行综合分析；运用模糊数学理论，通过元素相乘算法求交得到交叉口位置来确定遥感找矿靶区；结合物化探等多源资料，构造遥感地质找矿模型。实验结果表明，该方法运用数学及影像处理技术充分挖掘影像数据，能为矿区外围勘探和矿床定位提供可靠依据。

（4）第五章提出了比值运算、多尺度分割、随机森林相结合的变质矿物提取方法，该方法可实现矿物异常分布的大尺度综合体圈定及小尺度局部变化性和空间结构信息的提取。该方法首先利用目标矿物波谱特征鲜明的 2-3 个波段构造矿物增强指数进行影像增强；其次，利用地统计学中的变差函数描述多方向的矿物全局和局部空间结构变化特征，采用顺序连接的方法构造多尺度变差函数纹理特征和光谱特征的分类空间；最后，筛选关键特征及构建 RF 树绘制目标矿物分布图。精度分析结果表明，该方法能稳定地描述地球化学元素分布的随机性。

（5）第六章提出了遥感影像岩性自动分类和主要及典型造岩矿物识别交叉验证的填图方法，实现了遥感影像填图智能化。该方法分为两个部分：①基于影像的多尺度纹理特征及光谱特征自动进行地物分类，构造矿物提取指数提取主要及典型造岩矿物信息；②将分类结果和矿物提取结果叠加进行交叉验证完成岩性填图。第一部分是对 ASTER 影像的 VNIR 和 SWIR 波段进行主成分变换得到的第一主分量影像基于 Haar 小波基提取多尺度小波纹理特征，融合影像的多波段光谱特征和多尺度纹理特征，采用多数投票法对 10 次不同样本的 SVM 分类结果进行投票，初步确定岩性单元；通过波段运算构造主要及典型造岩矿物的提取指数，并采用蜂群算法寻找 SVM 的全局最优参数，提取白云母、黑云母、方解石、角闪石等矿物信息分布结果。SVM 对地表的复杂性导致的数据维度较高、非线性等问题具有突出优势，能精确确定地质体的边界，投票法可避免岩性因样本的空间变异性产生的分类结果的动态变化，泛化能力较强。第二部分将最优分类结果与 Otsu 分割及形态学滤波的矿物提取结果进行交叉验证完成填图。野外调查结果证明，该方法智能化识别大部分岩性的效果较好，填图结果与野外调查结果的相关系数为 0.7。

本书的主要创新点如下：

1. 提出了结合主成分分析（波段比值）、多尺度分割和 SVM（RF）的 ASTER 矿化蚀变信息提取方法，解决了基于像素级光谱特征提取信息噪声较多的问题，能稳定地描述地球化学元素分布的随机性。

2. 提出了结合小波包变换和 RF 的蚀变信息提取方法，提取铁染、Al‐OH 及 Mg‐OH 基团蚀变信息时能消除矿物组分的百分比引起的光谱动态变异噪声，而且能充分利用光谱的能量来表征矿物的富集和贫化规律。

3. 提出了基于多尺度卷积神经网络特征分解的找矿预测方法，解决了遥感影像高植被覆盖、干扰信息多样、岩性交错分布地区的蚀变矿物高层语义信息的提取问题。

第二节　未来工作展望

本书对多尺度分析方法及机器学习在遥感找矿预测和岩性填图中的应用做了深入研究，并取得了一些成果，但是由于地质地貌的复杂性，依然存在一些问题需要进一步探索。下一步的研究方向有以下几点。

（1）多源遥感数据融合：ASTER 影像在 VNIR 只有绿光及红光波段，缺少蓝光光谱特征，而蓝光波段有铁染蚀变的重要吸收特征，可以结合 ETM＋（覆盖蓝光波段）影像进行铁染蚀变信息的精细化提取；因某种单一影像的波段覆盖范围的局限性，探测岩石单元的空间形态和内部层理特征的效果有限，可融合不同数据源，比如结合 ASTER、WorldView‐Ⅱ、Spot 数据、ETM＋数据的空间和光谱优势进行矿物信息提取及岩性分类。

（2）分类约束条件改进：比值运算或主成分分析在增强目标矿物的同时，也增强了其他具有相似光谱特征的矿物，导致误分类，可通过原始岩性进行约束；矿物颗粒大小显著影响矿物提取精度，可以考虑将粒度指数作为约束条件进行矿物提取；地质体经过长期演变具有各向异性的特征，可以将方向特征作为约束条件，进行多分辨率及多方向的岩性信息提取。

（3）CNN 架构的改进：进行深度特征分解时，为了降低计算机成本提高 CNN 性能，可以用微型神经网络代替传统 CNN 的卷积过程，还可以采用全局平均池化层来替换传统 CNN 的全连接层，以增强神经网络的表示能力；深度架构出现的梯度消失问题，可通过层连接的重新调整和新模块的设计解决；CNN 架构可从深度和空间利用方面改进，如参数优化、正则化、结构重构、特征图利用通道提升等。

（4）本书虽然基于深度特征分解提取了植被覆盖较多地区的蚀变信息，但是如何更好地消除植被覆盖、含水量变化、风化、岩性演变等因素引起的光谱及空间变异性还需进一步研究。

参考文献

[1] 王润生，熊盛青，聂洪峰，等. 遥感地质勘查技术与应用研究 [J]. 地质学报，2011，85（11）：1600－1743.

[2] Xie X, Xue Z, Wang D, et al. Land Cover Classification in Karst Regions Based on Phenological Features Derived from a Long－term Remote Sensing Image Series [J]. Journal of Remote Sensing, 2014, 19（4）：627－638.

[3] Kumar M Vignesh & Yarrakula Kiran. Comparative analysis of mineral mapping for hyperspectral and multispectral imagery [J]. Arabian Journal of Geosciences, 2020（13）：160.

[4] Tan J, Zhang J, Zhang Y. Target Detection for Polarized Hyperspectral Images Based on Tensor Decomposition [J]. IEEE Geoence and Remote Sensing Letters, 2017, 14（5）：674－678.

[5] He H, Liu X, Shen Y. Relative Radiometric Correction of High－resolution Remote Sensing Images Based on Feature Category [J]. Cluster Computing, 2018, 12（3）：1－9.

[6] Bo Z, Binbin H E. Multi－scale Segmentation of High－resolution Remote Sensing Image Based on Improved Watershed Transformation [J]. Journal of Geo－Information Science, 2014, 16（1）：142－150.

[7] 杨日红，于学政. 藏东三江地区遥感五要素模式找矿远景 [J]. 现代地质，2004，18（4）：544－548.

[8] 赵福岳. 矿源场－成矿节－遥感信息异常找矿模式法 [J]. 国土

资源遥感, 2000, (4): 28 - 33.

[9] 王润生, 杨苏明, 闫柏琨. 成像光谱矿物识别方法与识别模型评述 [J]. 国土资源遥感, 2007 (1): 1 - 9.

[10] Bowen B B, Martini B A, Chan M A and Parry W T. Reflectance Spectroscopic Mapping of Diagenetic Hetrogenei ties and FluidFlow Pathways in the Jurassic Navajo Sandstone. AAPG Bulletin, 2007, 91 (2): 173 - 190.

[11] Huang Q, Feng X, Xiao P. An Approach for Linear Feature Detection from Remote Sensing Images with High Spatial Resolution Based on Sparse Decomposition [J]. Geomatics & Information ence of Wuhan University, 2014, 39 (8): 913 - 917.

[12] Li Y, Xu J W, Zhao J F, et al. An Improved Mean Shift Segmentation Method of High - Resolution Remote Sensing Image Based on LBP and Canny Features [J]. Applied Mechanics and Materials, 2015, 7 (3): 1589 - 1592.

[13] Delleji T, Kallel A, Ben Hamida A. Iterative Scheme for MS Image Pansharpening Based on the Combination of Multi - resolution Decompositions [J]. International Journal of Remote Sensing, 2016, 37 (23): 6041 - 6075.

[14] Sedaghat A, Mohammadi N. High - resolution Image Registration Based on Improved SURF Detector and Localized GTM [J]. International Journal of Remote Sensing, 2019, 40 (8): 2576 - 2601.

[15] Xu M, Cong M, Xie T, et al. Unsupervised Segmentation of High - resolution Remote Sensing Images Based on Classical Models of the Visual Receptive Field [J]. Geocarto International, 2015, 30 (9): 1 - 19.

[16] Xu S, Mu X, Zhao P, et al. Scene Classification of Remote Sensing Image Based on Multi - scale Feature and Deep Neural Network [J]. Acta Geodaetica et Cartographica Sinica, 2016, 45 (7): 834 - 840.

[17] Xu F, Li Y, Jin Y Q. Polarimetric - Anisotropic Decomposition and Anisotropic Entropies of High - Resolution SAR Images [J]. IEEE Transactions on Geoence & Remote Sensing, 2016, 54 (9): 5467 - 5482.

［18］Wen N, Yang S Z, Cui S C. High Resolution Remote Sensing Image Denoising Based on Curvelet – Wavelet transform ［J］. Journal of Zhejiang University, 2015, 49（1）: 79 – 86.

［19］段贵多, 李建平, 黄添喜. 图像的多尺度几何分析概述［J］. 计算机应用研究, 2007, 24（10）: 9 – 14.

［20］洪堂安, 杨斌. 基于脊波变换的生态景观线特征提取模型仿真［J］, 计算机仿真, 2021, 38（8）: 185 – 189.

［21］刘志刚, 许少华, 肖佃师, 等. 极限学习脊波过程神经网络及应用［J］. 电子科技大学学报, 2019, 48（1）: 110 – 116.

［22］谭兮, 贺洪, 谭山. 基于单尺度脊波变换的图像融合［J］. 计算机应用, 2007, 27（8）: 2007 – 2010.

［23］刘仕友, 张明林, 宋维琪. 基于曲波稀疏变换的拉伸校正方法［J］. 物探与化探, 2022, 46（1）: 114 – 122.

［24］Candès E, Demanet L, Donoho D, et al. Fast discrete curvelet transforms［J］. SI – AM Multiscale Modeling and Simulation, 2006（5）: 861 – 899.

［25］Candès E, Guo F. New multiscale transforms, minimum total variationsynthesis: Applications to edge – preserving image reconstruction［J］. Signal Processing, 2002（82）: 1519 – 1543.

［26］易文娟, 郁梅, 蒋刚毅. Contourlet: 一种有效的方向多尺度变换分析方法［J］. 计算机应用研究, 2006（9）: 18 – 22.

［27］Le Pennec E., Mallat S.. Sparse geometric image representations with bandelets［J］. IEEE Transactions on Image Processing,, 2005（14）: 423 = 438.

［28］曹建农. 图像分割的熵方法综述［J］. 模式识别与人工智能, 2012, 25（6）: 958 – 971.

［29］徐亚瑾, 舒红. 基于 ISODATA 和变化矢量分析法的影像变化提取方法［J］. 地理空间信息, 2020, 18（1）: 73 – 85.

［30］张圆，李精忠，帅赟．使用自组织映射网络识别城市道路主要结构［J］．测绘与空间地理信息．2018，41（10）：27-34.

［31］魏祥坡，余旭初，付琼莹，等．光谱角余弦与相关系数测度组合的光谱匹配分类方法与实验［J］．地理与地理信息科学，2016，32（3）：29-33.

［32］王格格，郭涛，李贵洋．多层感知器深度卷积生成对抗网络［J］．计算机科学，2019，46（9）：243-249.

［33］黄玉铊，王俞，李振平．基于概率神经网络图像识别的工业机器人控制［J］．计算机应用，2018，38（2）：63-71.

［34］徐慧，张鹏林．遥感影像像元不确定性对SVM分类结果可靠性影响研究［J］．测绘地理信息，2021，46（5）：57-61.

［35］苑进，辛振波，牛子孺，等．基于RVM的配比变量排肥掺混均匀度离散元仿真及验证［J］．农业工程学报，2019，35（8）：37-45.

［36］梁亮，杨敏华，李英芳．基于ICA与SVM算法的高光谱遥感影像分类［J］．光谱学与光谱分析，2010，30（10）：2724-2728.

［37］Xie X., Xue Z., Wang D., et al. Land Cover Classification in Karst Regions Based on Phenological Features Derived from a Long-term Remote Sensing Image Series［J］. Journal of Remote Sensing, 2014, 19（4）：627-638.

［38］Kang X., Li S., Fang L., et al. Intrinsic Image Decomposition for Feature Extraction of Hyperspectral Images［J］. IEEE Transactions on Geoence & Remote Sensing, 2014, 53（4）：2241-2253.

［39］Iria S., Gabriel N., Marina B.P., et al. High-Chlorophyll-Area Assessment Based on Remote Sensing Observations: The Case Study of Cape Trafalgar［J］. Remote Sensing, 2018, 10（2）：165-168.

［40］Chen Y., He W., Yokoya N., et al. Nonlocal Tensor-Ring Decomposition for Hyperspectral Image Denoising［J］. IEEE Transactions on Geoence and Remote Sensing, 2020, 58（2）：1348-1362.

[41] Goetz A. , Billingsley F. , Elston D. , et al. Applications of ERTS Images and Image Processing to Regional Problems and Geologic Mapping in Northern Arizona. NASA/JPL Technical Reports, 1975, 1532 – 1597.

[42] Landsat Science. Available online: https: //landsat. gsfc. nasa. gov/the – thematic – mapper/ (accessed on 29 January 2019).

[43] Michael Abrams and Yasushi Yamaguchi. Twenty Years of ASTER Contributions to Lithologic Mapping and Mineral Exploration [J]. Remote sensing, 2019, 11 (11): 1394.

[44] Almeida T. , Filho C. , Juliani C. , et al. Application of Remote Sensing to Geobotany to Detect Hydrothermal Alteration Facies in Epithermal High – Sulfldation Gold Deposits in the Amazon Region. Rev. Econ. Geol. , 2006, 16: 135 – 142.

[45] EoPortalDirectory. Availableonline: https: //earth. esa. int/web/eoportal/satellite – missions/j/jers – 1 (accessed on 30 January 2019).

[46] Luo S. , Tong L. , Chen Y. , et al. Landslides Identification Based on Polarimetric Decomposition Techniques Using Radarsat – 2 Polarimetric Images [J]. International Journal of Remote Sensing, 2016, 37 (12): 1 – 13.

[47] Kallel Abdelaziz. MTF – Adjusted Pansharpening Approach Based on Coupled Multiresolution Decompositions [J]. IEEE Transactions on Geoence & Remote Sensing, 2015, 53 (6): 3124 – 3145.

[48] Georgescu M. , Moustaoui M. , Mahalov A. , et al. Summer – time climate impacts of projected megapolitan expansion in Ari – zona [J]. Nature Climate Change, 2013, 3 (1): 37 – 41.

[49] Hisham G. and Habes G. . Detection of gossan zones in Aridregions using landsat 8 OLI data: implication for mineral exploration in the eastern Arabian shield, Saudi Arabia [J]. Natural Resources Research, 2018, 27 (1): 109 – 124 .

[50] Hosseinjani Z. M. , Tangestani M. H. , Roldan F. V. , et al. Sub –

pixel mineral mapping of a porphyry copper belt using EO – 1 hyperiondata [J]. Advances in Space Research, 2014, 53 (3): 440 – 451.

[51] Sharif I. and Chaudhuri D. A multiseed – based SVM classification technique for training sample reduction [J]. Turkishjournal of Electrical Engineering and Computer Sciences, 2019, 27 (1): 595 – 604.

[52] Sumit K., Bansal R. K., Mamta M., et al. Mixed pixel decomposition based on extended fuzzy clustering for single spectral value remote sensing images [J]. Journal of the Indian Society of Remote Sensing, 2019, 47 (3): 427 – 437.

[53] Hassan M., Islam A. E., Fawzy F. B.. Newly improved band ratio of ASTER data for lithological mapping of the Fawakhirarea, central eastern desert, Egypt [J]. Journal of the Indian Society of Remote Sensing, 2016, 44 (5): 735 – 746.

[54] Sun W. W., Liu C., Li J. L., et al. Low – rank and sparse matrix decomposition based anomaly detection for hyperspectral imagery [J]. Journal of Applied Remote Sensing, 2014, 8 (1): 83 – 641.

[55] Crosta A., De Souza C., Azevedo F.. Targeting key alteration minerals in epithermal deposits in Patagonia, Argentina, using ASTER imagery and principal component analysis [J]. Int. J. Remote Sens., 2003, 24 (21): 4233 – 4240.

[56] 杨斌, 李茂娇, 等. ASTER 数据在塔什库尔干地区矿化蚀变信息的提取 [J]. 遥感信息, 2015, 30 (4): 109 – 114.

[57] Mahanta P., Maiti S.. Regional scale demarcation of alteration zone using ASTER imageries in South Purulia Shear Zone, East India: Implication for mineral exploration in vegetated regions [J]. Ore Geol. Rev, 2018, 102: 846 – 861.

[58] Abdelkareem M., El – Baz F. Characterizing hydrothermal alteration zones in Hamama area in the central Eastern Desert of Egypt by remotely sensed

data [J]. Geocarto Int, 2018 (33): 1307 – 1325.

[59] Rockwell B. , Hofstra A. . Identification of quartz and carbonate mineral sacross northern Nevadausing ASTER thermal infrared emissivity data—Implications for geologic mapping and mineral resource investigations in well – studied and frontier areas [J]. Geosphere, 2008 (4): 218 – 246.

[60] Moore F. , Rastmanesh F. , Asadi H. , et al. Mapping mineralogical alteration using principal – component analysis and matched filter processing in the Takab area, north – west Iran, from ASTER data [J]. Int. J. Remote Sens, 2008 (29): 2851 – 2867.

[61] Honarmand M. , Ranjbar H. , Shahabpour J. . Application of Principal Component Analysis and Spectral Angle Mapper in the Mapping of Hydrothermal Alteration in the Jebal – Barez Area, Southeastern Iran [J]. Res. Geol, 2012 (62): 119 – 139.

[62] Popov K. , Bakardjiev D. . Identiflcation of hydrothermal alteration areas in the Panagyurishte ore region by satellite ASTER spectral data [J]. Comptes Rendus de L'Academie Bulgare des Sciences, 2014 (67): 1547 – 1554.

[63] Hosseinjani M. , Tangestani M. . Mapping alterationminerals using sub – pixel unmixing of ASTER data in the Sarduiyeh area [J]. SE Kerman, Iran. Int. J. Dig. Earth, 2011 (4): 487 – 504.

[64] Abbaszadeh M. , Hezarkhani A. . Enhancement of hydrothermal alteration zones using the spectral feature fltting method in Rabor area [J]. Kerman. Iran. Arab. J. Geosci. 2013 (6): 1957 – 1964.

[65] Zadeh M. , Tangestani M. , Roldan F. , et al. Mineral Exploration and Alteration Zone Mapping Using Mixture Tuned Matched Filtering Approach on ASTER Data at the Central Part of Dehaj – Sarduiyeh Copper Belt, SE Iran [J]. IEEE J. Sel. Top. Appl. Earth Obs. Remote Sens, 2014 (7): 284 – 289.

[66] Liu L. , Zhou J. , Yin F. , et al. The Reconnaissance of Mineral Resources through ASTER Data – Based Image Processing, Interpreting and Ground

Inspection in the Jiafushaersu Area, West Junggar, China [J]. J. Earth Sci., 2014, 25, 397 - 406.

[67] 阎继宁, 周可法, 等. 基于 SAM 与 SVM 的高光谱遥感蚀变信息提取 [J]. 计算机工程与应用, 2013, 49 (19): 141 - 146.

[68] 吴一全, 盛东慧, 周扬. PCA 和布谷鸟算法优化 SVM 的遥感矿化蚀变信息提取 [J]. 遥感学报, 2018, 22 (5): 810 - 820.

[69] Bhadra B., Pathak S., Karunakar G., et al. ASTER Data Analysis for Mineral Potential Mapping Around Sawar - Malpura Area, Central Rajasthan [J]. J. Indian Soc. Remote Sens., 2013 (41): 391 - 404.

[70] Tayebi M., Tangestani M., Vincent R.. Alteration mineral mapping with ASTER data by integration of coded spectral ratio imaging and SOM neural network model [J]. Turk. J. Earth Sci, 2014 (23): 627 - 644.

[71] Bedini E.. Mineral mapping in the Kap Simpson complex, central East Greenland, using HyMap and ASTER remote sensing data [J]. Adv. Space Res, 2011 (47): 60 - 73.

[72] Honarmand M., Ranjbar H., Shahabpour J.. Combined use of AS-TER and ALI data for hydrothermal alteration mapping in the northwestern part of the Kerman magmatic arc, Iran [J]. Int. J. Remote Sens, 2013 (34): 2023 - 2046.

[73] Pour A., Hashim M.. ASTER, ALI and Hyperion sensors data for lithological mapping and ore minerals exploration [J]. Springerplus, 2014, 3 (1): 130.

[74] Ramos Y., Goita K., Peloquin S.. Mapping advanced argillic alteration zones with ASTER and Hyperion data in the Andes Mountains of Peru [J]. J. Appl. Remote Sens, 2016, 10 (2): 26 - 31.

[75] Hu B., Xu Y., Wan B., et al. Hydrothermally altered mineral mapping using synthetic application of Sentinel - 2A MSI, ASTER and Hyperion data in the Duolong area, Tibetan Plateau, China [J]. Ore Geol. Rev. 2018 (101): 384 - 397.

［76］付光明，严加永，张昆，等. 岩性识别技术现状与进展［J］. 地球物理学进展，2017，32（1）：26-40.

［77］Yamaguchi Y. , Naito C. . Spectral indices for lithologic discrimination and mapping by using the ASTER SWIR bands［J］. Int. J. Remote Sens, 2003, 24: 4311-4323.

［78］Ninomiya Y. , Fu B. , Cudahy T. . Detecting lithology with Advanced Spaceborne Thermal Emission and Reflection radiometer（ASTER）multispectral thermal infrared "radiance-at-sensor" data［J］. Remote Sens. Environ. , 2005, 99: 127-139.

［79］于亚凤，杨金中，陈圣波，等. 基于光谱指数的遥感影像岩性分类［J］. 地球科学（中国地质大学学报），2015，40（8）：1415-1419.

［80］Ozyavas A. . Assessment of image processing techniques and ASTER SWIR data for the delineation of evaporates and carbonate outcrops along the Salt Lake Fault, Turkey［J］. Int. J. Remote Sens. , 2016, 37: 770-781.

［81］Askari G. , Pour A. , Pradhan B. , et al. Band Ratios Matrix Transformation（BRMT）: A Sedimentary Lithology Mapping Approach Using ASTER Satellite Sensor. Sensors, 2018（18）: 3213.

［82］Hook S. , Dmochowski J. , Howard K. , et al. Mapping variations in weight percent silica measured from multispectral thermal infrared imagery; examples from the Hiller Mountains, Nevada, USA and Tres Virgenes-La Reforma, Baja California Sur, Mexico［J］. Remote Sens. Environ, 2005（95）: 273-289.

［83］Ozkan M. , Celik O. , Ozyavas A. . Lithological discrimination of accretionary complex（Sivas, northern Turkey）using novel hybrid color composites and field data［J］. J. Afr. Earth Sci. , 2018（138）: 75-85.

［84］张翠芬，余健，郝利娜，等. 多尺度纹理及多光谱影像协同的遥感岩性识别方法［J］. 地质科技情报，2017，36（4）：236-243.

［85］Masoumi F. , Eslamkish T. , Abkar A. A. , et al. Integration of spectral, thermal, and textural features of ASTER data using Random Forests classification for lithological mapping [J]. Journal of African Earth Sciences, 2017, 129 (May): 445-457.

[86] 金剑, 田淑芳, 焦润成, 等. 基于地物光谱分析的 World View-2 数据岩性识别: 以新疆乌鲁克萨依地区为例 [J]. 现代地质, 2013, 27 (2): 489-496.

[87] Diaz G. F., Ortiz J. M., Silva J. F., et al. Variogram-Based Descriptors for Comparison and Classification of Rock Texture Images [J]. Mathematical Geosciences, 2019, (3).

[88] Sheikhrahimi A., Pour A. B., Pradhan B., et al. Mapping hydrothermal alteration zones and lineaments associated with orogenic gold mineralization using ASTER data: A case study from the Sanandaj-Sirjan Zone, Iran [J]. Advances in Space Research, 2019, 63 (10): 3315-3332.

[89] 张瑞丝, 曹汇, 曾敏, 等. 基于 ASTER 光谱特征的科技廊带岩性填图: 以新疆塔什库尔干地区为例 [J]. 岩石学报, 2016, 32 (12): 3835-3846.

[90] Zhou G. Q., Wang H. Y., Sun Y., et al. Lithologic classification using multilevel spectral characteristics [J]. Journal of Applied Remote Sensing, 2019, 13 (1).

[91] 郑硕, 付碧宏. 基于 ASTER SWIR-TIR 多光谱数据的西准噶尔花岗岩类岩性信息提取与识别——以克拉玛依岩体为例 [J]. 岩石学报, 2013, 29 (8): 2936-2948.

[92] Yajima T., Yamaguchi Y.. Geological mapping of the Francistown area in northeastern Botswana by surface temperature and spectral emissivity information derived from ASTER thermal infrared data [J]. Ore Geol. Rev., 2013 (53): 134-144.

[93] Rowan L., Mars J.. Lithologic mapping in the Mountain Pass, California area using ASTER data [J]. RemoteSens. Environ, 2003 (84):

350 – 366.

[94] Gomez C. , Delacourt C. , Allemand P. , et al. Using ASTER remote sensing data set for geological mapping in Namibia [J]. Phys. Chem. Earth, 2005 (30): 97 –108.

[95] 柯元楚，史忠奎，李培军，等. 基于 Hyperion 高光谱数据和随机森林方法的岩性分类与分析 [J]. 岩石学报，2018，034 (07): 2181 –2188.

[96] Li N. , Hao H. Z. , Gu Q. , et al. A transfer learning method for automatic identification of sandstone microscopic images [J]. Computers & Geosciences, 2017 (103): 111 –121.

[97] 张野，李明超，韩帅. 基于岩石影像深度学习的岩性自动识别与分类方法 [J]. 岩石学报，2018，34 (2): 333 –342.

[98] Byrnes J. , Ramsey M. , Crown D. . Surface unit characterization of the Mauna Uluflowfleld, KilaueaVolcano, Hawaii, using integrated fleld and remote sensing analyses [J]. J. Volcanol. Geotherm. Res. , 2004 (135): 169 –193.

[99] Rowan L. , Mars J. , Simpson C. . Lithologic mapping of the Mordor, NT, Australia ultramaflc complex by using Advanced Spaceborne Thermal Emission and Reflection Radiometer (ASTER) [J]. RemoteSens. Environ. , 2005 (99): 105 –126.

[100] Massironi M. , Bertoldi L. , Calafa P. , et al. Interpretation and processing of ASTER data for geological mapping and granitoids detection in the Saghro massif (eastern Anti – Atlas, Morocco) [J]. Geosphere, 2008 (4): 736 –759.

[101] Omran A. , Hahn M. , Hochschild V. , et al. Lithological Mapping of Dahab Basin, South Sinai, Egypt, using ASTER Data [J]. Photogramm. Fernerkund. Geoinform, 2012 (6): 711 –726.

[102] Huang Z. , Zhang X. . Lithological mapping of ophiolite composition in Zedan – Luobusha, Yarlung Zangbo suture zone using Advanced Spaceborne

Thermal Emission and Reflection Radiometer (ASTER) data [J]. Acta Petrol. Sin, 2010 (26): 3589 – 3596.

[103] Deller M. , Andrews S. . Facies discrimination in laterites using Landsat Thematic Mapper, ASTER and ALI data—Examples from Eritrea and Arabia [J]. Int. J. Remote Sens. , 2006 (27): 2389 – 2409.

[104] Qari M. , Madani A. , Matsah M. , et al. Utilization of ASTER and Landsat data in geologic mapping of basement rocks of Arafat Area, Saudi Arabia [J]. Arab. J. Sci. Eng. , 2008 (33): 99 – 116.

[105] Pournamdari M. , Hashim M. , Pour A. . Spectral transformation of ASTER and Landsat TM bands for lithological mapping of Soghan ophiolite complex, South Iran [J]. Adv. SpaceRes. , 2015 (54): 694 – 709.

[106] Lamri T. , Djemai S. , Hamoudi M. , et al. Satelliteimageryand airborne geophysics for geologic mapping of the Edembo area, Eastern Hoggar (Algerian Sahara) [J]. J. Afr. Earth Sci. , 2016 (115): 143 – 158.

[107] Ali – Bik M. , Hassan S. , Abou El Maaty M. , et al. The late Neoproterozoic Pan – African low – grade metamorphic ophiolitic and island – arc assemblages at Gebel Zabara area, Central Eastern Desert, Egypt: Petrogenesis and remote sensing—Based geologic mapping [J]. J. Afr. EarthSci. , 2018, 144 (aug): 17 – 40.

[108] Lohrer R. , Bertrams M. , Eckmeier E. , et al. Mapping the distribution of weathered Pleistocene wadi deposits in Southern Jordan using ASTER, SPOT – 5 data and laboratory spectroscopic analysis [J]. Catena, 2013 (107): 57 – 70.

[109] Soltaninejad A. , Ranjbar H. , Honarmand M. , et al. Evaporite mineral mapping and determining their source rocks using remote sensing data in Sirjan playa, Kerman, Iran [J]. Carbonates Evaporites, 2018 (33): 255 – 274.

[110] Yang M. , Kang L. , Chen H. , et al. Lithological mapping of East Tian shan area using integrated data fused by Chinese GF – 1 PAN and ASTER

multi – spectral data ［J］. Open Geosci, 2018 (10)：532 –543.

［111］谢明辉，张奇，陈圣波，等. 基于特征导向主成分分析遥感蚀变异常提取方法 ［J］. 地球科学——中国地质大学学报，2015，40 (8)：1381 –1385.

［112］姚佛军，杨建民，张玉君，等. 三种不同类型矿床分类型蚀变遥感异常提取及其应用 ［J］. 岩石学报，2009，25 (4)：971 –975.

［113］徐茹，蔺启忠，陈玉. 基于分形方法的蚀变矿物多尺度特征分析 ［J］. 测绘科学，2015，40 (9)：138 –141.

［114］Safari M. , Maghsoudi A. , Pour A. B.. Application of Landsat – 8 and ASTER satellite remote sensing data for porphyry copper exploration：a case study from Shahr – e – Babak, Kerman, south of Iran ［J］. Geocarto International, 2018, 33 (11)：1186 –1201.

［115］Son Y. S. , Kim K. E. , Yoon W. J. , et al. Regional mineral mapping of island arc terranes in southeastern Mongolia using multi – spectral remote sensing data ［J］. Ore geology Reviews, 2019：113.

［116］Xu Y. J. , Meng P. Y. , Chen J. G.. Study on clues for gold prospecting in the Maizijing – Shulonggou area, Ningxia Hui autonomous region, China, using ALI, ASTER and WorldView –2 imagery ［J］. Journal of Visual Communication AND Image Representation, 2019 (60)：192 –205.

［117］成秋明，张生元，左仁广，等. 多重分形滤波方法和地球化学信息提取技术研究与进展 ［J］. 地学前缘，2009，16 (2)：185 –198.

［118］Karaboga D. , Ozturk C.. A novel clustering approach：artificial bee colony (ABC) algorithm ［J］. Applied Soft Computing, 2011, 11 (1)：652 –657.

［119］刘建宇，陈玲，李伟，等. 基于 ASTER 数据韧性剪切带型金矿蚀变信息提取方法优化 ［J］. 国土资源遥感，2019，31 (1)：229 –236.

［120］吴志春，叶发旺，郭福生，等. 主成分分析技术在遥感蚀变信息提取中的应用研究综述 ［J］. 地球信息科学学报，2018，20 (11)：

1644 - 1656.

[121] 于岩，李建国，陈圣波，等. 基于不同岩性背景的遥感影像蚀变矿物信息提取 [J]. 地球科学（中国地质大学学报），2015，40（8）：1391 - 1395.

[122] Johnson B. , Xie Z. . Unsupervised image segmentation evaluation and refinement using a multiscaleapproach [J]. ISPRS Journal of Photogrammetry and Remote Sensing, 2011, 66（4）：473 - 483.

[123] Seo Y. , Kim S. . River stage forecasting using wavelet packet decomposition and data - driven models [J]. Procedia Engineering, 2016 (154)：1225 - 1230.

[124] He X. J. , Zhang X. C. , Xin Q. C. . Recognition of building group patterns in topographic maps based on graph partitioning and random forest [J]. ISPRS Journal of Photogrammetry and Remote Sensing, 2018 (136)：26 - 40.

[125] Zhang L. , Liu Z. , Ren T. W. , et al. Identification of Seed Maize Fields With High Spatial Resolution and Multiple pectral Remote Sensin Zhang g Using Random Forest Classifier [J]. Remote Sensing, 2020, 12（3）：362.

[126] Sankar A. S. , Nair S. S. , Dharan V. S. , et al. Wavelet sub band entropy based feature extraction method for BCI [J]. Procedia Computer Science, 2015 (46)：1476 - 1482.

[127] Zhang X. , Xiao P. , Feng X. . Fast Hierarchical Segmentation of High - Resolution Remote Sensing Image with Adaptive Edge Penalty [J]. Photogrammetric Engineering & Remote Sensing, 2014, 80（1）：71 - 80.

[128] Xiao Z. , Long Y. , Li D. , et al. High - Resolution Remote Sensing Image Retrieval Based on CNNs from a Dimensional Perspective [J]. Remote Sensing, 2017, 9（7）：725 - 728.

[129] Huang S. , Chen S. B. , Zhang Y. Z. . Comparison of altered mineral information extracted from ETM + plus, ASTER and Hyperion data in aguas Claras iron ore, Brazil [J]. IET IMAGE PROCESSING, 2019, 13（2）：

355 – 364.

［130］唐海蓉. Landsat7＿ ETM ＋＿ 数据处理技术研究［D］. 北京：中国科学院电子学研究所，2003.

［131］李健，王晓明，张英海，等. 基于深度卷积神经网络的地震震相拾取方法研究［J］. 地球物理学报，2020，63（4）：1591 – 1606.

［132］范丽丽，赵宏伟，赵浩宇，等. 基于深度卷积神经网络的目标检测研究综述［J］. 光学精密工程，2020，28（5）：1152 – 1164.

［133］郭艳军，周哲，林贺洵，等. 基于深度学习的智能矿物识别方法研究［J］. 地学前缘，2020，27（5）：39 – 47.

［134］Run Y. , Wang M. , Dong Z. , et al. Urban Road Extraction of High Resolution Remote Sensing Image Based on SLIC Superpixel［J］. Journal of Geomatics, 2019, 44（1）: 84 – 88.

［135］Xin W. , Sicong L. , Peijun D. , et al. Object – Based Change Detection in Urban Areas from High Spatial Resolution Images Based on Multiple Features and Ensemble Learning［J］. Remote Sensing, 2018, 10（2）: 276 – 280.

［136］Xu M, Cong M, Wan L, et al. A Methodology of Image Segmentation for High Resolution Remote Sensing Image Based on Visual System and Markov Random Field［J］. Acta Geodaetica Et Cartographica Sinica, 2015, 44（2）: 198 – 205.

［137］Hu G. , Sun X. , Liang D. , et al. Cloud Removal of Remote Sensing Image Based on Multi – output Support Vector Regression［J］. Chinese Journal of Systems Engineering and Electronics, 2014, 25（6）: 1082 – 1088.

［138］Zhou W. , Newsman S. , Li C. , et al. Learning Low Dimensional Convolutional Neural Networks for High – Resolution Remote Sensing Image Retrieval［J］. Remote Sensing, 2016, 9（5）: 489 – 492.

［139］Chen D. , Shang S. , Wu C.. Shadow – based Building Detection and Segmentation in High – resolution Remote Sensing Image［J］. Journal of

Multimedia, 2014, 9 (1): 181 – 188.

[140] Johann F. A., Richard W., Klemens L., et al. Clockwise, low – P metamorphism of the Aus qranulite terrain, southern Namibia, during the Mesoproterozoic Namaqua Oroqeny [J]. Precambrian Research, 2013, 224: 629 – 652.

[141] 刘纯, 洪亮, 陈杰, 等. 融合像素 – 多尺度区域特征的高分辨率遥感影像分类算法 [J]. 遥感学报, 2015, 19 (2): 228 – 239.

[142] Seyedmohammadi J., Navidi M. N., Esmaeelnejad L.. Geospatial modeling of surface soil texture of agricultural land using fuzzy logic, geostatistics and GIS techniques [J]. Communications in soil science and plant analysis, 2019, 50 (12): 1452 – 1464.

[143] Harris J. R., Juan H. X., Rainbird, et al. A Comparison of Different Remotely Sensed Data for Classification Lithology in Canada's Arctic: Application of the Robust Classification Method and Random Forests [J]. Geoscience Canada, 2014, 41 (4): 557 – 584.

[144] Hosseinjani Z. M., Tangestani M. H., Roldan F. V., et al. Sub – pixel mineral mapping of a porphyry copper belt using EO – 1 hyperiondata. Advances in Space Research, 2014, 53 (3): 440 – 451.

[145] Pour A. B., Hashim M., Van G. J.. Detection of hydrothermal alteration zones in a tropical region using satellite remote sensing data: baugoldfield, Sarawak, Malaysia [J]. Ore Geology Review, 2013 (54): 181 – 196.

[146] Sadeghi B., Khalajmasoumi M., Afzal P., et al. Using ETM + and ASTER sensors to identify iron occurrences in the Esfordi1: 100, 000 mapping sheet of Central Iran [J]. Journal of African Earth Sciences, 2013 (85): 103 – 114.

[147] Hisham G., Habes G.. Detection of gossan zones in Aridregions using landsat 8 OLI data: implication for mineral exploration in the eastern Arabian shield, Saudi Arabia [J]. Natural Resources Research, 2018, 27 (1): 109 – 124.

[148] Yu L. , Porwal A. , Holden E. , et al. Towards automatic lithological classification from remote sensing data using support vector machines [J]. Computers & Geosciences, 2012 (45): 229 – 239.

[149] Mountrakis G. , Im J. , Ogole C. . Support Vector Machines in Remote Sensing: A Review [J]. ISPRS Journal of Photogrammetry and Remote Sensing, 2011 (66): 247 – 259.

[150] Du P. J. , Tan K. , Xing X. S. . A Novel Binary Tree Support Vector Machine for Hyperspectral Remote Sensing Image Classification [J]. Optics Communications, 2012 (285): 3054 – 3060.

[151] Fauvel M. , Chanussot J. , Benediktsson J. . A Spatial – Spectral Kernel – Based Approach for the Classification of Remote – Sensing Images. Pattern Recognition, 2012 (45): 381 – 392.

[152] Wang R. , Lin J. Y. , Zhao B. , et al. Integrated Approach for Lithological Classification Using ASTER Imagery in a Shallowly Covered Region – The Eastern Yanshan Mountain of China [J]. Ieee journal of selected topics in applied earth observations and remote sensing, 2018, 11 (12): 4791 – 4807.

[153] Aboelkair H. , Ninomiya Y. , Watanabe Y. , et al. Processing and interpretation of ASTER TIR data for mapping of rare – metal – enrichedalbite granitoids in the Central Eastern Desert of Egypt. Journal ofAfrican Earth Sciences, 2010, 58 (1): 141 – 151.

[154] Mars J. C. , Rowan L. C. . ASTER spectral analysis and lithologic mapping of the Khanneshin carbonatite volcano, Afghanistan. Geosphere, 2011, 7 (1): 276 – 289.

[155] Fatima K. , Khattak M. U. K. , Kausar A. B. , et al. Minerals identification and mapping using ASTER satellite image. Journal of applied remote sensing, 2017, 11 (4).

[156] Mryka H. B. . Practical guidelines for choosing GLCM textures to use in landscape classification tasks over a range of moderate spatial scales [J]. In-

ternational Journal of Remote Sensing, 2017 (38): 1312 – 1338.

[157] Singh A., Armstrong R. T., Regenauer – Lieb K., et al. Rock characterization using Gray – Level Co – occurrence Matrix: an objective perspective of digital rock statistics [J]. Water Resources Research, 2019, 55 (3): 1912 – 1927.

[158] Li Q. Y., Huang X., Wen D. W., et al. Integrating multiple textural features for remote sensing image change detection [J]. Photogrammetric Engineering and Remote Sensing, 2017, 83 (2): 109 – 121.

[159] 舒良树，邓兴梁，马绪宣. 中天山基底与塔里木克拉通的构造亲缘性 [J]. 地球科学，2019，44 (5): 1584 – 1601.

[160] Otsu N.. A threshold selection method from graylevel histograms [J]. IEEE Transactions on System Man and Cyber – netic, 1979, 9 (1): 62 – 66.

[161] Wan X. K., Wu H. B., Qiao F., et al. Electrocardiogram Baseline Wander Suppression Based on the Combination of Morphological and Wavelet Transformation Based Filtering. Computational and Mathematical Methods in Medicine, 2019.

[162] Myint S. W., Zhu T., Zheng B. J.. A novel image classification algorithm using overcomplete wavelet transforms [J]. IEEE Geoscience and Remote Sensing Letters, 2015, 12 (6): 1232 – 1236.

[163] Rafael C., Richard G., Woods E.. Digital image processing [M]. 4th Edition, 2017.

[164] Ye M., Routsos D.. Wavelet – based color texture retrieval using the independent component color space. IEEE International Conference on Image Processing, 2008, 15: 165 – 168.

[165] Myint S. W., Mesev V.. A comparative analysis of spatial indices and wavelet – based classification. Remote Sensing Letters, 2012, 3 (2): 141 – 150.

[166] Harris J. R., Grunsky E., He J., et al. A robust, cross – valida-tion classification method (RCM) for improved mapping accuracy and confi-dence metrics. Canadian Journal of Remote Sensing, 2012, 38 (1): 69 – 90.

[167] 吴孔江, 曾永年, 靳文凭, 等. 改进利用蚁群规则挖掘算法进行遥感影像分类 [J]. 测绘学报, 2013, 42 (1): 59 – 66.

[168] 臧淑英, 张策, 张丽娟, 等. 遗传算法优化的支持向量机湿地遥感分类——以洪河国家级自然保护区为例 [J]. 地理科学, 2012, 32 (4): 434 – 441.